爱立方
Love cubic

育儿智慧分享者

微信扫描以上二维码，或者搜索"爱立方家教育儿"

公众号即可加入"爱立方家教俱乐部"，阅读精彩内容：

父母的天职

让孩子的天赋自由生长

胡萍◎著

北京理工大学出版社

版权专有 侵权必究

图书在版编目（CIP）数据

父母的天职. 让孩子的天赋自由生长 / 胡萍著. —北京：北京理工大学出版社，2018.5

ISBN 978-7-5682-5098-6

Ⅰ. ①父… Ⅱ. ①胡… Ⅲ. ①家庭教育—儿童教育 Ⅳ. ①G781

中国版本图书馆CIP数据核字（2018）第004039号

出版发行 / 北京理工大学出版社有限责任公司
社　　址 / 北京市海淀区中关村南大街5号
邮　　编 / 100081
电　　话 / （010）68914775（总编室）
　　　　　（010）82562903（教材售后服务热线）
　　　　　（010）68948351（其他图书服务热线）
网　　址 / http://www.bitpress.com.cn
经　　销 / 全国各地新华书店
印　　刷 / 三河市京兰印务有限公司
开　　本 / 710毫米 × 1000毫米　1/16
印　　张 / 16.25　　　　　　　　　　　责任编辑 / 李慧智
字　　数 / 226千字　　　　　　　　　　文案编辑 / 李慧智
版　　次 / 2018年5月第1版　2018年5月第1次印刷　责任校对 / 周瑞红
定　　价 / 39.80元　　　　　　　　　　责任印制 / 边心超

图书出现印装质量问题，请拨打售后服务热线，本社负责调换

开篇语

上天赋予了每个孩子天赋。作为父母,我们无法为孩子派生天赋,但我们可以为孩子的天赋效力,让孩子的天赋自由生长。

推荐序

向天下父母和教师推荐这本书

我与胡萍只在深圳见过一面,却一聊就是三四个小时,因为她对儿童性教育的探究吸引了我。一般人谈性教育往往仅限于观念方面,而她既有科学的理念又有具体的方法。也许,这与她受过医科大学儿科的专业训练和从医的实践有关,更得益于她长期对儿童性教育执着的调查研究。

我们自然聊到各自的孩子。说实话,任何人养育孩子都是一种历险,儿童研究者也不例外。

说起儿子,胡萍容光焕发,因为她儿子刚刚被剑桥大学生物系录取,作为陪读的母亲有充分的理由骄傲。但是,最让我好奇的不是剑桥,而是她儿子经常不完成老师的作业,总是用各种各样的实验成果代替。在去剑桥大学面试的时候,她儿子除了生物研究报告,居然带去自己做西餐的图片集,并且因此受到剑桥教授的青睐。

各位读者朋友想一想:一个不完成作业却着迷于各种实验和做西餐的孩子,如何面对高考?而又是如何折磨父母那颗万般担忧的心?所以,当胡萍流露要写一本关于自己如何教育孩子的书时,我自告奋勇愿意作序推荐。

待我看到胡萍的书稿,却因其过人的勇气与坦诚而备受震撼。

我没想到,胡萍会把养育儿子的详细过程,包括许多隐私和盘托出。每一个成长的点滴,都包含着她的努力发现和思考。读她的书既可以作为育儿的详细个案,也可以作为如何应对成长难题的具体参照。也许,她想借鉴教育家陈鹤琴的方法,以自己的孩子为个案,探索儿童的身心发展特点和成长规律。

我没想到,胡萍会对自己的教育过失有那么多细节的展示和反思。今天,多少人在粉饰自己的经历?当孩子考入名校,似乎父母过去的无知也变成真理。如果不是胡萍自己所述,我们无法想象,她会与孩子发生那么多冲突,并且是儿子的激情表白让她惊醒,从而发现自己的焦虑和扭曲。

我没想到,胡萍会对当今的教育有那么多批判,如鲁迅所描绘的那样,她用一个母亲的肩膀,为幼小的儿子扛住黑暗的闸门。她不轻信,即使对被视为经典的蒙台梭利教育和华德福教育在中国的流行,也有着深深的质疑。

在我读过的各类家庭教育著作中,如此真实和犀利,如此个性和坦率的不多见,胡萍以虔诚之心,为读者端上了自己的私房菜。

尽管不够完美,胡萍的这本书已经是难得的佳作,其最重要的价值或许可以概括为以下四个方面:

一、把孩子的健康发展放在第一位

心理学的常识告诉我们,孩子在12岁之前,能否和父母建立亲密的依恋情感,对其一生的安全感和幸福感至关重要。因此,孩子越小越需要父母的陪伴。胡萍的非常之举是一直陪伴儿子到高中毕业。为了儿子的发展,她甚至抛家舍业,只身带儿子去成都和深圳求学。离开成都某学校时,胡萍既失去了工作和收入,又失去了住房,这需要多么大的勇气。

我并不赞成夫妻分离,而主张夫妻关系第一,亲子关系第二,因为夫妻关系对孩子影响极为深远。胡萍的特殊性在于，她在良好夫妻关系的前提下，剑走偏锋，助子成才。

当然，胡萍的有些做法不可复制，也不宜学习。她值得学习的是充分尽到母亲的天职，把孩子的健康发展放在第一位。

二、不打扰孩子，培养兴趣与专注

许多父母一边经常以喝水或吃水果等事由打扰正在做事的孩子，一边抱怨孩子做事情不专心，这不是自相矛盾吗？而当胡萍发现1岁多的儿子迷上玩手电筒，甚至能玩一个多小时时，她从不去干扰孩子。她知道专心致志做事才能培养孩子的专注力。

与许多父母信奉"只要把学习搞好了，别的什么都不要管"不同，胡萍格外珍惜孩子的兴趣发展。当孩子逐渐长大，迷上做西餐，尽管课业紧张，胡萍还是给孩子提供所需的厨具和食材。直到高考前，孩子依然兴致勃勃探究各种各样的西餐技艺，并且用心琢磨和实践。胡萍明白：孩子需要学习，更需要生活。

三、划清界限，培育孩子的健康人格

我赞同韩国教授文龙鳞的一个重要观点，即10岁之前要教会孩子做人，特别是能明辨是非。可是，在目前的教育环境里，引导孩子明辨是非并非易事。比如，孔融让梨值得提倡吗？当孩子的玩具被小朋友抢走该忍气吞声吗？对于诸如此类的现实矛盾，胡萍都没有回避，而是深入思考，形成自己的价值观，并且引导孩子分清是非。

她努力把孩子培养成为一个尊重自己也尊重他人的现代人，拥有爱心和责任感。比如，当儿子在剑桥大学幸运地遇见坐在轮椅上的科学大师霍金，有人问他为什么不抓住这个难得的机遇与霍金合影留念，他摇摇头说，随便打扰大师是不礼貌的。

四、不怕碰撞，与孩子一起成长

如果某些读者以为，胡萍既然如此投入教育孩子，一定是脾气温和一切顺着孩子，其实不然。胡萍也会着急上火，也会委屈得大哭，甚至在盛怒之下，把儿子做好的大虾扔进垃圾桶。但是，即使在险些失去理智的情况下，她都会仔细听儿子的话。如果发觉孩子有理而自己无理，她会静默会道歉，甚至会请求儿子的一个拥抱。

对于胡萍，我是先读其书后见其人。但是，完全出乎我的意料，胡萍写书做研究居然是儿子在背后督促，因为儿子希望母亲有自己的追求与事业，并且以自己的自理和独立让母亲放心。于是，我们见到了学业有成的孩子，也见到了著述甚丰的母亲。多年前我们在研究中提出，21世纪是两代人相互学习共同成长的世纪。如今我可以说，胡萍母子就是共同成长的楷模。

基于以上理由，我愿意向天下父母与教师推荐胡萍的这本书，不是因为她的孩子考上剑桥大学，而是因为她有着教育每一个孩子都需要的爱心、责任与智慧。

中国青少年研究中心研究员
国务院妇儿工委儿童工作智库专家
中国教育学会家庭教育专业委员会常务副理事长
孙云晓

前　言

父母的天职是什么

每一个人来到这个世界，生命中都被上天赋予了职责，我们就把上天赋予的职责叫作天职吧！曾经，我们是父母的孩子，孩子的天职是让自己健康成长，实现自己生命的价值；现在，我们的身份中增加了父母的角色，当孩子叫我们"爸爸""妈妈"的时候，我们是否想过这个称呼中包含着的天职是什么？

在养育根儿的二十多年里，我一直在思考这个问题。伴随着根儿的成长，伴随着我在教育领域里接触到更多的父母和孩子，这个问题的答案渐渐在我的内心清晰起来，成为我研究教育的根基思想。

父母的天职是要懂得孩子的身体发育规律，保证孩子的身体健康成长。由此，当我为根儿中学期间作业压力非常大而焦虑的时候，根儿告诉我，他和另外三个同学分工合作做每天的作业，当然是不能够让老师发现的。此时，我认为他有意识保证自己每天晚上十一点左右能够睡觉，这是他对自己健康的保护，我支持他。

父母的天职是要懂得孩子的身心发展规律，保证孩子心理和认知健康发展。根儿在很小的时候，每天要开关电灯无数次，有时候会连续开关电灯一小时。我知道那是根儿在探索开关和灯的关系，探索他的手指按压开关与灯泡发亮的关系，我会一直抱着他，站在开关前，任由他探索。

父母的天职是要帮助孩子建构对这个世界的安全感，让孩子在充满爱、尊重、信任和帮助的环境中长大。当根儿很小的时候，我不懂得依恋关系对孩子安全感的重要性，在根儿断奶后我就把他留在成都，自己回到昆明上班。当我现在知道自己当初因为无知犯下这个错误时，悔之晚矣。

父母的天职是要发现和保护孩子的天赋，让孩子的天赋拥有自由生长的空间。根儿对厨艺有着天生的热爱和激情，我们积极满足他的愿望，给予他充分的物质支持和精神鼓励。在学业紧张的中学时代，他可以用一整天来研究面包的烤制，也可以用一整天来研究高汤的制作，还可以用一整天来烤牛排。我希望他因为厨艺对生活充满热情，因为厨艺发现自己。

父母的天职是要帮助孩子建构生存的勇气和智慧。根儿在经历剑桥的数次考试中，每当遇到困境时，我们都允许他表达自己的痛苦和压力，也允许他做出自己的选择，同时也鼓励他不要轻易地放弃自己的梦想。我知道，一旦他坚持后获得成功，他就能品尝到坚持和忍耐带来的快乐和幸福，这是我们面对生活最根本的勇气和智慧。

父母的天职是要与孩子一起成长。我们第一次做父母，不懂孩子，不懂养育，甚至不懂自己。在养育根儿的过程中，我们犯下了许多错误。这些错误为根儿的生命留下了阴影，导致了根儿的成长缺陷，虽然根儿已经长大，我仍然能够看到根儿的成长缺陷给他后来的发展带来的影响，然而我却已经无能为力。此时，我也理解了，为什么我们每一个人的生命中都有成长缺陷，而这些成长缺陷成为阻碍我们获得幸福感、获得成就感、获得尊严感的绊脚石，突然明白这个世界没有完美的妈妈和爸爸。由此，我学会了宽容、理解、接纳、尊重，这是我养育孩子获得的最大成长。

父母的天职是什么？如果要细细数来，还有好多好多。总之，父母的天职是爱孩子。这份爱，是理性与感性的结合，是能够重塑孩子生命和灵魂的能量，是帮助孩子实现生命价值的智慧，是父母重新发现自己生命状态的反光镜。这份爱，让孩子的生命根植其中，让父母的生命根植其中，然后，孩子和父母的生命之花都能够得到完美绽放！

根儿2012年就读剑桥大学耶稣学院，现在，根儿已经硕士毕业。在剑桥大学四年的学习过程中，他不仅仅完成了自己的学业，也有对自己生命的思考——我到底要成为一个怎样的人？带着这样的思考进入了社会，我相信，他能够成为他想成为的人！

记得在做了妈妈之后，我一直有一个心愿：在根儿上大学的那一天，我要把一本记录他成长的日记本，作为他成年的礼物送给他，让他保留自己成长的经历和我们对他的爱。后来，博客日记变成了与博友们交流孩子成长的地方，在记录根儿成长的同时，我也在反思自己的教育观念和方法，反思整个中国的教育和传统。于是，"日记本"里不仅仅只有根儿独自的成长经历，还有我与博友们思想的交汇，这些经历和思想成就了《父母的天职》系列书籍。这套书是我们与根儿二十年共同成长的纪念，也是我们二十年共同成长的经验与教训的分享!

  希望这套书能够给读者带来一些思考,在教育孩子的道路上,我们懂得了父母的天职,成就的不仅仅是孩子,更是我们自己!最后,希望这套书能够帮助到更多的家庭!

胡　萍

目录 Contents

1 每个孩子都有天赋
解读"天赋" ‖ 003
教育是扬孩子生命之长板 ‖ 014

2 孩子的天赋发展从本能开始
本能是上天赋予生命的原始能力 ‖ 021
孩子的食欲需要大人用心呵护 ‖ 023
孩子渴了自然会喝水 ‖ 043
排便的训练 ‖ 046
不要破坏孩子的睡眠节律 ‖ 052
让孩子顺其自然地学会说话 ‖ 054
本能对孩子人格建构的影响 ‖ 057

3 构建孩子自主学习的品质，保护孩子的"工作"热情
什么是孩子的工作 ‖ 063
玩电筒发现空间关系 ‖ 066
积木给孩子带来的内在发展 ‖ 068

迷上飞机模型和四驱车 ‖ 070
合理利用看电视来培养孩子的专注力 ‖ 073
工作锻炼了孩子的意志力 ‖ 075
工作缺乏带来的后遗症 ‖ 078
工作与阅读给孩子带来不同的发展 ‖ 080

4 感知孩子与身边事物的连接，鼓励孩子探索世界的热情

探索开关与电灯泡的关系 ‖ 085
翠湖公园的花香 ‖ 086
钢琴飘出的紫色 ‖ 087
探索行为与安全的平衡 ‖ 089
探索受阻的孩子 ‖ 091

5 尊重孩子的好奇心，保护孩子独立思考的能力

"地球的重量用什么来称？" ‖ 097
"现在的猴子为什么不能够变成人？" ‖ 099
对"地球毁灭"的思考和论证 ‖ 101

6 拓宽孩子的视野，保护孩子对人类文化的认知和体验

小小读书郎 ‖ 109
动画片 ‖ 114

地理和天文知识	‖ 118
文字的学习	‖ 120
毛笔书法	‖ 124
国际象棋	‖ 126
电脑游戏	‖ 129
云南方言剧	‖ 134
文化敏感期被破坏的孩子	‖ 136

7 在游戏中让孩子爱上数学

研究数字的热情	‖ 141
数学游戏	‖ 144
探究与发现	‖ 146
七巧板、魔方和九连环	‖ 152
用数学敲开重点中学的大门	‖ 154
获得国际数学和化学竞赛奖项	‖ 156
国内数学学习之殇	‖ 158
如何保护孩子对数学的兴趣	‖ 162

8 不急不躁,每个孩子都能学好英语

无意中的胎教	‖ 167
6岁前对英语的热情	‖ 168
小学阶段的英语学习	‖ 172
初中阶段的英语学习	‖ 174
高中阶段的英语学习	‖ 176
英文写作的考验	‖ 180
对根儿学习英语的反思	‖ 183

9 保护孩子的求知热情，包容理解孩子的"叛逆"

卸下分数的包袱 ‖ 191
减掉作业的负担 ‖ 193
不一样的假期作业 ‖ 197
理智应对负面评价 ‖ 200
跳级风波 ‖ 202
厌学阶段 ‖ 205
到四驱车店打工 ‖ 208
坚持不上补习班 ‖ 210
考试不过是一次普通作业 ‖ 212
幸福快乐在人间 ‖ 214

10 保护孩子选择人生的权利

剑桥大学的退学风波 ‖ 219
再次与数学失之交臂 ‖ 225
选择化学专业 ‖ 228
困难是孩子成长的助力 ‖ 232
大学毕业后的人生选择 ‖ 234

致谢 ‖ 243

Chapter 1
每个孩子都有天赋

孩子的天赋就像一朵朵小花，随着生命的季节渐次绽放。父母要做的就是，给予孩子肥沃的土壤和细心的灌溉，耐心守候天赋之花的盛开。

解读"天赋"

什么是天赋？在谈到孩子的天赋，谈到如何发现孩子的天赋，如何保护孩子的天赋这些问题之前，我们需要思考"天赋"到底是什么。对这个问题的思考伴随着我养育根儿的过程。二十多年过去了，从根儿的成长中，我慢慢对"天赋"有了自己的解读。

"天"指大自然，是指宇宙万物生长发展的规律，这个规律蕴含在万物的生命中，不以人的意志为转移或改变。"赋"是指"给予"。人类的"天赋"就是上天赋予人类生命发展的规律。人类个体的"天赋"就是上天赋予这个个体生命发展的规律，以及赋予这个个体生命的特质。从这样的角度来解读"天赋"，就包括了两个层面：一个是个体生命内在发展的自然程序与完成这个自然程序的生命动力，另一个是上天赋予个体对某一事物的兴趣、热情和执着。

在解读"天赋"的语境中，我使用了"发展""生命内在发展""规律"这三个词，现在，我们需要来理解这三个词的本来含义。

什么是"发展"呢？王振宇教授在其著作《儿童心理发展理论》中，对"发展"有了如下解释："发展是由一种新结构的获得或从一种旧结构向一种新结构的转化组成的过程。首先，发展是一种变化，是一种连续的、稳定的变化。而且，这种变化是在个体内部进行的，发生在个体之外的变化不能够称之为发展。"①这是一段学术的解释,我们来举例解释什么是"发展"吧!

比如,孩子行走能力的发展过程:婴儿刚出生的时候尚不能够行走,需要经历如下发展过程:2个月抬头、4个月翻身、6个月会坐、8个月会站、12个月会走,这些过程在个体生命内部是一个连续稳定的变化过程,使个体从不会行走变成能够行走,这就是行走机能的发展。如果一个孩子从一个房间跑到另一个房间,孩子身处的环境变化了,但孩子生命内部本身没有发生变化,这就不能称之为"发展"。

什么是"生命内在发展"呢?我个人认为:对于个体生命本身来说,其发展包含两大部分:一部分是孩子生命内在的发展,一部分为生命外在发展。内在发展与外在发展的本质区别在于:内在发展由基因决定,是个体生命必须要完成的发展,这些发展决定了个体生命生物性能力的正常运行;外在发展是对个体生命的丰富,是否完成不影响个体生命的生物性能力。

比如,孩子出生后,只要孩子是健康的,按照基因中"写好"的程序,就会启动行走能力的发展。通过如上所说的过程,孩子在1岁左右就可以行走,这个能力关乎孩子生命的基本能力,是个体生命必须发展的一项能力。如果这项能力不发展,孩子就不能够正常行走,孩子的生命质量就将受到严重影响。这就是生命内在发展。

个体生命的外在发展是否进行,不影响个体的生命质量。比如,绘画能力就是生命的外在发展,一个人通过绘画能力的发展,让自己的生命更丰满;但绘画不是每个人都必须要发展的能力,不会绘画的人,他可以从事其他自己喜欢的事情来丰富自己的生命,他的生命质量不会因为自己缺失绘画能力而受到影响。

什么是"规律"呢?"规律"具有以下几个特质:

---

① 王振宇. 儿童心理发展理论 [M]. 上海:华东师范大学出版社,2000:5

特质一：规律决定着事物发展的必然趋势，具有普遍性的形式。比如，凡是人类，刚出生的时候都不能够行走，需要经历上述行走能力发展过程之后，在1岁左右时才具备独立行走能力。人类中每一个个体的行走能力发展都必须经历这样的过程，无一例外，没有人能够脱离这个发展过程就能够获得行走能力。这就是行走能力发展的规律。

特质二：规律是客观的，既不能创造，也不能消灭，不以人的意志为转移，这也是宇宙万物的法则。人类行走能力的发展程序根植于人类基因，行走程序会按照基因的设定的密码进行启动，按照这个程序，个体完成抬头、翻身、坐、站、行走这一系列的发展，这是人类经历千万年进化后所形成的，是人类行走发展的自然规律。无论人类是否认同这个程序，这个程序都根植在人类个体的生命中，无法改变。如果一位母亲在孩子刚出生的时候，就训练孩子行走，这个行为就是违背了人类行走发展的自然规律，破坏了人类行走发展的自然法则。

特质三：这个世界任何事物的发展都受规律约束。宇宙万物的生存与发展都有其自身的规律，人类也不例外。对于人类生命的发展来说，也有其自身的规律。人类生命中的每一项机能发展，都会按照个体生命基因的程序进行，比如行走能力发展、语言能力发展、思维能力发展、情感能力发展、人际能力发展……如果孩子在成长过程中，按照自身生命节律进行发展，孩子的生命状态就能够获得健康发展，如果成人违背孩子生命发展规律，破坏或干扰孩子的生命发展，孩子的生命状态就不会健康。

特质四：这个世界任何物质有其自身发展的规律，它们彼此对立又互相联系统一，达成平衡状态。人类个体的生命处于一种平衡才能够呈现健康状态，生命中有很多机能需要得到发展。根据生命的节律，各项机能按照基因既定的程序进行有序发展，一些机能先发展，一些机能后发展，让生命处于一种平衡状态。比如，性的发展，虽然3~6岁是个体性发展的第一个高峰阶段，这个时期男孩身体内部雄性激素明显增加，女孩身体内部雌性激素明显增加，但这个时期却不会出现第二性征的发育，女孩不会出现乳房发育和月经，男孩也不会出现遗精。当孩子进入青春期发育阶段，依然是体内性激素的增加，男孩和女孩出现了第二性征发育。这就是生命遵从了宇宙平衡法则的结果。当孩子在3~6岁阶段，需要进行性的发展，但这个年龄阶段不能够承担起养育后代的责任。所以，虽然孩子身体内性激素分泌明显增加，但却不能够产生精子和卵子，不出现第二性征的发育。这样的生命发展程序既满足了个体在这个年龄阶段的性发展需求，同时又抑制了个体在这个阶段生育后代，宇宙的平衡法则使人类保持着整个发展的健康平衡状态。关于性发展的相关知识，读者可以参阅我的《善解童贞》系列。

当我们理解了"发展""生命内在发展""规律"之后，我们再回到对"天赋"的思考和理解，在以下的章节里，我们将对"天赋"的两个层面进行详细讲解。

天赋是生命内在发展的自然程序和内在动力

在人类进化的过程中，人类需要具备正常生存的必备能力，比如行走能力、空间感能力、语言能力、思维能力等。这些能力的发展程序已经写入了人类的基因中，成为生命内在发展的自然程序，这些自然程序不以他人的意志为改变。在生命发展过程中，生命内部有完成这些自然程序发展的力量，这是生命的内在力量，这股力量能够启动并保证自然程序的运行，保证个体完成自己生命内在的完整发展。

这些按照生命发展节律逐一展开的生命内在发展就是我们常说的"敏感期"。"敏感期是指生物在其初期发育阶段所具有的一种特殊敏感性"[1]。这

---

[1] [意] 玛利亚·蒙台梭利 [M]. 金晶，孔伟，译. 北京：中国发展出版社，2006

些敏感期的启动来自生命内部，由基因决定，这就是大自然赋予生命的成长节律。

我们用个体的行走能力发展来具体说吧。孩子直立行走的程序已经写入了生命的基因中，孩子生命中的内在力量会启动和保持这个程序，直到行走能力发展完成。当孩子成长到两个月左右时，生命的内在力量会让孩子努力地抬头，不遗余力地练习抬头的动作，好让自己的颈部能够适应直立行走；当孩子四个月大时，生命的内在力量会让孩子做出翻身的动作，不需要成人教给他如何翻身，孩子会以自己的方式完成翻身；六个月大时，生命的内在力量会让孩子坐起来，此时，孩子的上半身可以直立了；八个月大的时候，生命的内在力量会让孩子乐于站立，就此，整个身体达到了直立；1岁左右，生命的内在力量会让孩子迈步，尽管跌跌撞撞，尽管会摔倒受伤，孩子依然在内在力量的支持下，坚持练习直立行走。在整个过程中，我们都能够感受到孩子生命内在力量对其行走能力发展的支持。

人类对空间的感知能力也是生存必须具备的能力，必须与生命一体，否则人类无法在地球上生存。空间感知能力发展的程序已经写入基因，只要孩子来到这个世界，空间感知能力发展的程序会自行启动。这个时期，我们会发现孩子用自己的方式在配合这个程序，呈现出对空间感知的行为，完成空间感知能力的发展，这就是我们说的敏感期。空间敏感期大致在孩子2～3岁左右出现，这个阶段的孩子会翻抽屉，他们将抽屉里的东西拿出来，然后再将这些东西放回抽屉，或者将抽屉里的东西扔到地上；一部分孩子会反复地翻弄家里的垃圾桶，把垃圾桶里的东西倒出来，再将垃圾装回桶里，无论成人如何阻止，孩子不会停止；一部分孩子把电池装进电筒里，然后再将电池倒出来，这个行为反复进行……在各种探索空间的行为中，孩子对这个世界的空间感就建构起来了。在这个过程中，无论成人如何阻止和干涉孩子的空间感知行为，生命内在力量都会支持着孩子对成人的阻扰进行抗争，达成自己对空间感知能力的完整发展。

人类与生俱来的创造力、记忆力、观察力、思维能力、运动能力、语言能力、感觉能力……都属于天赋，都属于被写入了基因程序的生命内在发展，他们有自然程序，也有生命的内在动力支持。成人只要能够为孩子提供合适的成长环境，有足够的耐心等待，这些能力都会随着生命的季节，逐一启动发展程序，并完成各自的发展。

天赋是生命对某一事物的热情和执着

大自然在赋予人类生命内在发展自然程序和动力的同时，还赋予了人类个体不同的生命特质。这个特质就是个体对某一事物的热情和执着，这一特质让个体具备了对不同事物的才华和激情。由此，让每一个个体都与众不同，让每一个个体被他人需要，每一个个体便具有了生存的空间，这就是大自然赋予个体不同特质的根本因素，让每一个人的生命都能够实现自己的价值。

在孩子成长的过程中，不同年龄阶段，孩子会对不同的事物产生激情，成为孩子的爱好。随着孩子的慢慢长大，一些爱好被淘汰了，一些爱好被孩子保留了下来，那些被保留的爱好不会太多，从一而终的某个爱好最终可能成为孩子天赋的结果。

在根儿成长的过程中，他在不同的年龄阶段有不同的爱好，对每一项爱好他都充满激情：

> 4岁的时候，根儿开始对厨艺感兴趣，每天从幼儿园回家就要自己烤蛋糕、做炒饭，这个兴趣持续了20多年；至今他对厨艺精益求精，不断学习和研究厨艺。当年去剑桥大学面试的时候，用厨艺获

得面试官的青睐；在剑桥大学四年的学习时间里，很多同学品尝过他的厨艺，对此赞不绝口。

4岁半左右，根儿对书法突然着迷，要求我们给他买了各种书法字帖，每天专心临摹，持续近一年；之后，他对书法的兴趣消失了。

4~5岁的时候，根儿对数学非常有激情，每天从幼儿园回到家就开始写数字，从1写到200，不会出错。我从未教他写数字，可能是幼儿园老师教的简单的数字，激发了他对数字的激情。后来，他每天在小白板上研究加法减法；我没有干扰他，他提出问题我就回答，不提问题我就不干预。5岁多的时候，提出"一个苹果平均分成四份，其中一份怎么表达？"这是一个分数的问题了，在没有人教他数学的情况下，这是他自己的探究和思考……从小学到进入剑桥大学的考试中，根儿的数学成绩一直非常优秀，为他进入剑桥大学提供了助力。

5岁时，根儿对音乐感兴趣。他看到幼儿园老师每天弹琴唱歌，他主动提出要学习钢琴，后来还自己谱曲子；遗憾的是，我的功利破坏了根儿的这一天赋。

6岁左右，根儿突然对表演感兴趣，每天都要模仿自己喜欢的一个地方戏，用方言表演一阵子。这个兴趣持续了两年多，后来他的表演兴趣也消失了。

在根儿的成长中，还有对游泳、飞机模型、四驱车、乒乓球等项目的激情。在这些项目中，每一项都不是我们带着他去培训班培训技能，而是他在不同年龄阶段呈现出来的强烈兴趣和热情。然而，最终只有厨艺保留至今，成为我们看得见的天赋成果。父母只要跟着孩子生命成长的步伐，就能够找到孩子的天赋所在。

执着的热情+生命特质＝天赋成果

对于厨艺，根儿除了他的热情和执着之外，还有大自然赋予他生命的特质。这个特质支持着他的厨艺能够越来越精湛，成就他天赋的成果。比如，他的嗅觉和味觉非常灵敏，对食物中所放的配料，他喜欢用嗅觉闻，然后用味觉品。通过嗅闻和味觉，他能够判断出食物中所放配料的品种，这就是我们常说的"天分"。有一次，在吃饭的时候，根儿告诉我，阿姨做的一道菜里没有按照他的要求放黑胡椒，阿姨放的是白胡椒，所以味道不对。后来我问了阿姨，阿姨非常吃惊："天啊，这个他也吃出来了！我估摸着黑胡椒和白胡椒味道差不多啊，就用了白胡椒，下次还是用黑胡椒吧！"每个孩子的生命中都有嗅觉和味觉的发展，这是生命的内在发展；但根儿在嗅觉与味觉的发展上，要比一般的孩子更敏锐。这个特质恰好与他对厨艺的爱好相符，爱好与特质的绑定成为成就根儿厨艺的基础。

每个孩子生命中都有大自然赋予的创造力、观察力、思维能力，这些也是天赋，能够为其所用。根儿在发展自己的厨艺时使用了这些天赋，在学业上的成就也使用了这些天赋。根儿在剑桥大学学习自然科学，专业是化学合成。每一次的化学实验都是一次创造力、观察力和思维能力的运用，每一次实验都会产生不同的结果，探寻这些不同结果，让根儿每一天的学习和工作都处于被新事物的吸引中，让他充满了探究的热情。厨艺与化学合成有着天然的联系，两者带来的共同乐趣激发了根儿的创造力，满足了他的好奇心，同时也让他获得了成就感，这些都给根儿带来了深层次的精神愉悦。厨艺让根儿对生活充满幸福感，化学合成让他对自己的工作充满热爱和激情，这就是天赋带给根儿的生命完整发展状态。

如果一个热爱音乐的孩子，他的爱好与大自然赋予他生命中对音乐的敏感比其他孩子高，那么，对音乐的热爱与特质绑定，将使得这个孩子的音乐道路更为顺畅。一些人学习音乐可以成为大师，而一些人学习音乐只是业余水平，虽然他们都付出了同样的努力，有同样的热情，但上天赋予他们的生命特质不同，导致结果不同。

每个孩子所具备的天赋不同，就如同每个孩子生命中的宝石形状和颜色不一样。红橙黄绿青蓝紫，孩子生命的宝石闪耀着不同的光彩。承载着不同天赋的孩子被上天赋予了不同的使命，这样的赋予让我们在世界上找到适合自己的位置，成为这个世界和谐运转的一员。这个世界上，人们需要音乐家、画家、科学家、美食家、文学家、诗人，同时，也需要厨师、修鞋匠、清洁工、时装设计师……每一个人都可以用自己的那份天赋和热情，找到自己在这个世界的位置，为他人提供服务，同时获得自己幸福完整的人生。

用第三只眼发现孩子的天赋

每个人都有"三只眼睛"。两只眼睛长在脸上，我们都能够看到；而"第三只眼睛"长在心上，我们看不到。

很多时候，我们误以为天赋就是我们用肉眼就能够迅速看到的孩子特长，是孩子的天才之处。其实不然。天赋不是天才。天才是孩子天生就具备的才能，不需要练习，不需要培养，而且容易被我们看到。比如音乐天才莫扎特，4岁就能够演奏钢琴并谱曲，这项才能可以迅速被发现。而具有音乐天赋的人，需要经过多年的艰苦学习和练习，才能够成为音乐家，比如我们熟知的郎朗和李云迪。天才能够很快显山露水，被我们用眼睛看到；而天赋却需要慢慢发掘和培养，要用"第三只眼"才可能发现，这就是两者的区别所在。

如何才能够打开第三只眼，去发现孩子的天赋所在？这是需要成人练就的功力。练成这项功力有两招：第一招是懂得儿童生命发展的规律，第二招是完全去掉对孩子的功利之心。成人的无知和功利之心就像一层厚厚的帘子，遮挡在父母的第三只眼上；去掉这层帘子，第三只眼才能够恢复"视力"，看到孩子生命中被大自然注入的天赋。

这是我经历的一个案例：

> 东儿的妈妈因为东儿的寂寞来找到我。东儿4岁，由于父亲长年辗转各个国家工作，一家人很难在一个城市安定下来，东儿上幼儿园的事情也就耽搁了下来，东儿的妈妈在家照顾孩子。半年后东儿家将搬迁到一个新的城市，到那个时候，4岁的东儿才会去幼儿园上学。
>
> 东儿因为没有上幼儿园，现在只有一个小朋友常和他玩，他对这个小朋友的情感很依赖。每天都在家里期待着小朋友从幼儿园放学后来找自己玩，一到周末就盼望与小朋友整天待在一起。妈妈看到东儿对友情非常渴望，看到了东儿的寂寞，但想到要搬家，就没有打算在这半年里为东儿找一家幼儿园。

儿童在3岁左右，心理发展进入了需要友情的阶段，需要发展人际关系能力。4岁的东儿已经进入人际交往能力和社会性能力发展的敏感期。在这个阶段，东儿需要有一个稳定的伙伴团体，而稳定的幼儿园生活能够满足东儿的需要，他将在伙伴群体中学习如何获得友情、如何经营友情、如何进入团队、如何忍受被拒绝、如何服从领袖、如何做孩子王……可是，东儿缺失了这样一个伙伴群体，也缺失了人际能力的练习机会，导致他人际交往能力发展滞后。现在，东儿在小区里无法与小朋友玩耍，常常被小区里抱团的孩子们排斥在游戏外，为此常常感到孤独和沮丧。由此，东儿与那位小朋友的友情便成了他的唯一。由于妈妈不懂得东儿的心理需求，所以不理解东儿为什么依赖那位小朋友的陪伴。

如果妈妈继续忽视东儿的人际能力发展和社会性能力发展需要，再等半年才让东儿进入幼儿园，到那时，东儿的人际能力发展将愈发滞后于同龄人，他将需要更大的勇气和内心力量才能够融入群体。所以，我给东儿妈妈的建议是尽快为东儿找一家幼儿园，为东儿发展社会性能力提供环境条件。我相信在这半年中，东儿建构起来的人际交往能力一定会在半年后派上用场。

在这个故事中，东儿的妈妈因为不懂得儿童发展规律，在东儿是否上幼儿园的问题上做出了错误的选择，妨碍了东儿的社会性能力发展。所以，父母需要学习儿童发展规律，才能真正帮助孩子健康成长。

教育是扬孩子生命之长板

"木桶理论"带来的误区

盛水的木桶是由多块木板箍成的，一只木桶盛水的多少，并不取决于桶壁上最长的那块木板，而恰恰取决于桶壁上最短的那块木板。劣势决定优势，劣势决定生死，这是企业界最知名的管理法则。若其中一块木板很短，则此木桶的盛水量就被限制，该短板就成了这个木桶盛水量的"限制因素"（或称"短板效应"）。若要使此木桶盛水量增加，只有换掉短板或将其加长才行。这就是"木桶定律"。

"木桶理论"适合用于组织和团队管理。在团队构建时，每一个人都成为发挥长处的那一块木板，这只"木桶"就不会有短板存在；每个人都用自己的长处服务于这个团队，团队就能够取得更大的成就。当团队中某一个人的能力不能够达到整个团队的需要时，可以找一个能力企及的人替换，保持整个团队的最大能力。也就是说，在团队管理中，如果存在"短板"，可以找一块"长板"来替换。

"木桶理论"不能够用于个人成长。每个人的生命中，大自然赋予了生命各种能力，一些能力的发展成为个体生命的长处，一些能力的发展成为生命的短板，这些能力的"长板"与"短板"共同存在于一个生命体内，成为一个人的特质。从宇宙平衡法则来看，上天赋予了一个人某些"长板"，必然会搭配一些"短板"，由此，这个世界不可能存在"完美无缺"的人。

当我们自身存在短板的时候，我们无法用别人生命中的长板来替换我们生命中的这块短板。比如，一个人五音不全，那么歌唱就是其短板，我们不可能把另一个人的音乐天赋拿来替代这个人的音乐短板。由此，我们只能够有两个选择：第一个选择是将大量的时间和精力用于补短；第二个选择是将大量的时间和精力用于发掘自己的长处，让自己的长处超出常人，同时接纳自己的短板。选择不同，孩子生命发展的方向便不同。

在我们的教育思想中，让孩子"补短"的思想一直占据着教育的主导思想。在"补短"思想的主导下，父母和教师的着眼点不是放在孩子的长处，而是聚焦在孩子的"短板"上。于是，父母和教师给孩子传递出来的信息是"你有很多短板，需要不停地补"。父母们也将孩子大部分宝贵的时间，用于去弥补短板，而大自然赋予孩子生命的天赋，却被漠视了。孩子的"短板"再怎么弥补，也不能够成为其强项和长处，最终导致孩子对自己失去信心。或许，这也是我们不自信的根源。

我的一位朋友的女儿，母亲是医生，父亲是当地一所重点中学的英文老师。虽然父母都不具备文学才华，但他们的女儿却非常喜欢文学，4岁就喜欢将一些故事用诗歌来表达，7岁就可以自己写诗。每当家人生日的时候，她都会写出一首诗歌来祝贺。从小学到中学，她的作文总是班级里的第一名，但理科成绩很不理想。她在业余时间喜欢写故事和看书，梦想着将来当一名记者或者作家。然而，女孩的父亲按照自己的想法，要求女儿必须考入当地的重点中学。为此，父亲每个周末都要求女孩到理科补习班补课，每天晚上都请老师辅导女儿的理科学业，父亲完全不支持女儿对文学的热爱。最终，女儿的理科成绩没有达到学校要求，父亲极其失望。初中毕业后，女儿进入了一所职业学校，入学两个月后，女孩退学了。女孩的文学梦被父亲破坏，再也找不回来了。

天赋是孩子生命之长板

上面的这个案例中,大自然为这个女孩生命注入了文学的特质,这是女孩的生命之长处。女孩对文学有极高的热情,如果当初父母用第三只眼看到女儿的天赋,鼓励女儿用更多的时间和精力来发展文学天赋,这就是因材施教,这就是扬孩子生命之长的培养和教育。孩子会因为文学才能的极致发挥而实现生命的价值,这才没有辜负大自然对女孩生命的赐予!

面对孩子的"短板",父母总是急于补救,期望孩子能够"全面发展,项项优秀"。其实,这是对孩子的"苛求",孩子的生命不是一个用来盛装我们虚荣和意志的容器。对于孩子,我们不要苛求他做到"全面发展",这个世界不存在完美的孩子。宇宙万物有阴阳的平衡与和谐,每个孩子生命中长板与短板共存,生命才是平衡的状态。我们不要浪费孩子的天赋才能,把孩子的长处发扬到极致,不纠结于孩子的短板。短板再怎么弥补,相比他人而言,自己在这个方面永远都是短板。真正成功的人,无论在哪个领域,无一不是能发现自己的天赋,并将天赋全力发展的人。我们明白了这个道理,才能够帮助孩子在发展天赋的同时,获得自尊和自信。

在教育上我们常常用到"顺其自然"这个词。这个"自然"就是指大自然恩赐给个体生命的特质长处。如果我们顺应了大自然对这个生命赋予的长处,帮助孩子发展这个长处,那么,教育就顺应了生命的自然成长。在这个世界上,每个人都应该以自己的长处立足,用自己的长处为他人服务,获得生存和发展的机会。所以,教育应该是帮助孩子找到天赋,发展天赋,使用天赋,最后,让天赋成就孩子的幸福人生。

"顺其自然"不是顺从孩子的任何行为,不是让孩子想怎样就怎样,不是对孩子的放纵,如果不理解这个"自然"的含义,父母在教育孩子的行为上就会出现错误。

根儿喜欢探究科学和自然现象,他的梦想是成为一名科学家。像根儿这种类型的孩子，他们的喜好都很相似，他们是典型的理科思维，从小不喜欢看童话故事，而喜欢看科普方面的书，对诸如地球行星或数学方面的图形方面知识的书尤为感兴趣，《十万个为什么》百读不厌，玩具喜欢玩各种拼插类的积木，研究积木的视图……在养育根儿的过程中，他的这些特质被我们接纳并理解。对于书籍的选择，完全任凭根儿的想法；对于大学与专业的选择，也是他全权决定。于是，他获得了大量的时间和精力去做自己喜欢的事情；现在，他正走在实现自己做科学家的梦想之路上。

我相信宇宙的平衡法则。我常常在想，造物主一定想到了使人类达成某种平衡，这样才能够创造丰富多彩的生活。于是，人类需要有各种天赋的人群：热爱科学的人（为人类生活带来发展）、热爱文学和艺术的人（为人类带来精神享受）、热爱政治的人（成为人类的管理者）、热爱厨艺的人（为人类带来美食）、热爱农艺的人（让人类有更多的食物）、热爱手工的人（为人们制衣补鞋）、热爱建筑设计的人（为人类建设美好的家园）、热爱服装设计的人（为人类设计漂亮的衣装）……于是，多元的分工让人类的生活更为简便有序，同时也异彩纷呈。每一个来到这个世界的人都带着对人类平衡的使命，这个使命是被宇宙所赋予的，这就是个体生命中的天然禀赋！当一个孩子顺应了天赋而生活在这个世界上，就是顺应了孩子内在的自然，他就会获得生命的原始动力，为了自己热爱的事情全身心付出，无怨无悔，内心充实而幸福！

当上天把一个生命交到我们的手里，我们该如何来善待他（她），如何让他（她）的天资闪耀光芒，很多父母并不知晓。那么，就让我们从敬畏开始做起吧！我们需要敬畏生命的自然发展规律，敬畏每一个生命的不同特质，敬畏大自然赐予孩子的每一项天赋才能！

在我的课堂里，我会告诉孩子们："在我们的生命形成之时，父亲给母亲的精子多达3亿~5亿个，只有最强壮、最优秀、跑得最快的那一个精子才能够获得卵子的拥抱，成就你的生命！在我们每一个人的生命中，都藏着一颗与众不同的'能量宝石',有了这颗能量宝石,我们才能够在妈妈的肚子里战胜5亿个对手,成为最优秀的那一个生命。我们来到这个世界后,有一个重要的使命——找到藏在自己生命中的那颗宝石,让这颗宝石闪亮发光,你就能够幸福地生活,并给身边的人带来温暖,生命的宝石便实现了它的价值。这颗生命宝石就是你们每个人的天赋!"我希望孩子们对生命充满神圣感和价值感,这种价值感能够点亮孩子的心灵,让他们在追逐梦想中获得无穷的力量。我希望父母们听到这段话后,能够从一个新的角度去解读孩子的生命,去发现孩子生命中的这颗宝石,为孩子的天赋提供自由生长的沃土,帮助孩子发展他的天赋,成就生命的价值和幸福。

Chapter 2
孩子的天赋发展从本能开始

吃、喝、排便、睡觉、说话是大自然赋予生命的原始能力，是生命的内在程序和自发运动，这种原始能力是生命在这个世界存活下来的保障。

本能是上天赋予生命的原始能力

人类在进化的过程中，有两类原始能力被牢牢地植入了生命基因：一类是生存的原始能力；一类是繁衍的原始能力。两者成为生命本来固有的能力，即本能。

生存的原始能力包括了吃、喝、拉、睡等生命存活的基本能力。孩子出生后，不需要教他，他就会有饥饿感，就会将食物吃进身体；会产生口渴感，然后喝水；会产生排便感，然后解大小便；会犯困，然后睡觉。这些原始能力保证了人类物种的存活，是物种进化使然。

繁衍的原始能力是性，即性本能。人类不需要教导就能够交媾，繁衍后代。这是物种延续的原始能力，这种原始能力保证了人类物种的延续，也是物种进化使然。

上天除了将吃喝拉撒的本能植入孩子生命程序，同时，还将管理吃喝拉撒的能力也植入了孩子生命程序。这些程序从孩子出生的那一刻就启动了，随着孩子的成长，管理吃喝拉撒的能力也越来越成熟。

比如，孩子对"吃"的管理能力：婴儿饥饿时，会发出信号（通常是哭声），让养育者知道他需要吃奶；当孩子吃饱了之后，他会自动离开乳房（或者奶瓶），向养育者传达不再需要进食的信号，这就是孩子最早管理自己吃的方式。随着孩子长大，他可以用语言清晰地表达对吃的管理："我饿了""我想吃××""我吃饱了""现在我不饿"……

孩子具备了自我管理吃喝拉撒的能力，这一点往往被养育者忽略或否认。许多养育者非但没有保护好孩子吃喝拉撒的本能，反而破坏了孩子的这一本能，导致孩子的身体发育和内在发展出现问题。保护孩子吃喝拉撒的生命本能，父母需要懂得孩子吃喝拉撒的自然发展规律，发现孩子自我管理的具体方式，将孩子自我管理的能力还给孩子，不要强行要求孩子按照成人的意愿吃喝拉撒。这样做，孩子的身心才能够得以健康发展。

孩子的食欲需要大人用心呵护

当身体需要补充能量——刺激大脑——大脑发出进食信号——进食行为发生——摄取足量食物后,产生饱感——拒绝继续进食,完成当次摄取食物行为。这是生命中固有的完整食欲生理反射过程。在喂养孩子的过程中,成人需要遵守这一过程,才能够保护好孩子的食欲。

按照孩子的进食需求喂奶

对于孩子喂奶的时间掌控,存在两种说法。一种说法是按时喂奶,即由成人设定喂奶的间隔时间,不管孩子是否饥饿,都要在这个设定的间隔时间点给孩子喂奶。比如,成人设定为间隔3小时给孩子喂一次奶,那么,无论孩子什么时候发出饥饿的信号,都必须按照间隔时间给孩子喂奶。另一种说法是按需喂奶,即根据孩子的饥饿需求,当孩子发出了饥饿的信号,就应该给孩子喂奶,满足孩子对食物的需要。

我赞同按需喂奶,原因有以下几点:

第一,按需喂奶适合不同孩子的特质

孩子生长速度有快有慢,新陈代谢也快有慢,需要的食物量有多有少,每天吃奶的次数有多有少。按照每一个孩子的身体需要进行喂养,才是符合每一个孩子身体发展需要的方式。按时喂奶满足的是成人的需要,完全没有考虑孩子的个体特质,没有尊重孩子身体的需要。

第二，按需喂奶是婴儿建构安全感的基础

婴儿感觉到饥饿后，向妈妈发出要吃奶的信号，妈妈便给婴儿喂奶。此时，婴儿会感觉到他的需要被妈妈尊重和满足，妈妈能够理解他。这样的感觉是婴儿解读陌生世界的基础，让婴儿感觉到这个世界对他的接纳、信任和理解，这是婴儿建构安全感的必经之路。

而按时喂奶让孩子感觉自己的需求被忽视，不被养育者理解，婴儿会担心自己有存活的危险，对这个世界产生不安全感。

第三，按需喂奶可以保护孩子的饥饿反射本能

按照孩子的进食需要喂奶，孩子获得了对食物的安全感，一旦吃饱就不会再贪食，这就是我们常说的孩子知饱足。知饱足的孩子，其饥饿反射的本能被保护，同时建构了良好的进食习惯。

按时喂奶导致孩子饥饿时得不到食物，无法对食物的供给产生安全感，一旦获得食物，就会出现贪食。孩子对食物的摄取不是按照生理反射，而是按照心理需要，这破坏了对食物摄取的生理反射本能。

根儿属于食欲比较好的一类孩子，体重增加的速度为每月1公斤左右。我坚持按需喂奶的方式，根儿的食欲一直保持良好的状态，即使生病也不会影响到他的食欲。记得根儿1岁多的时候，有一次发热到了40℃，每天昏昏沉沉地睡着；但是，只要到了吃奶的时间，他会立即坐起来，喝下一大瓶奶，然后倒在床上，继续昏睡。在他长大后，每一次生病，我都知道他像平常一样吃饭，不需要单独准备"病号饭"，这样的好食欲对疾病的恢复起到了重要的作用。

按需喂奶是指按照孩子进食的需要喂奶，而不是按照孩子的其他需要。当一些母亲将喂奶作为满足孩子其他需要的手段时，比如情感需要、安抚情绪需要、入睡需要等，孩子的身体和情绪可能就会出现问题。

有一位年轻的妈妈，她的孩子刚满月，每天要吃无数次奶，每次吃奶的时间很长，吃一会儿要睡一会儿，嘴巴不离开妈妈的奶头，导致妈妈白天和夜里都无法休息。经过询问我了解到，只要孩子发出哼哼唧唧的哭声，妈妈就认为是孩子想吃奶了。

孩子发出哼哼唧唧的哭声有多种原因：饥饿、需要妈妈抱、尿湿裤子、要大便了、身体不舒服、疾病等。当孩子发出哭声的时候，妈妈要对孩子的需求做出基本判断之后进行应对。然而，这位妈妈没有用心去分辨孩子到底为什么哭。孩子一哭，就让孩子含着奶头，孩子自然会吸吮乳汁，这样就给了孩子错误的信号——只要一哼哼，妈妈就给奶吃，由此，孩子的饥饿反射就被破坏了。所以，母亲需要按照孩子的进食需求给孩子喂奶，不可以按照孩子的情绪或者其他需要给孩子喂奶。

准备孩子喜爱的食物

要保护好孩子的食欲，就要让孩子每一餐都吃得开心舒服，每一餐都能够获得生理和精神的满足。如此，孩子就会每天期待着美好的生活，这是建构孩子热爱生活的基础。

根儿的母乳持续到9个月大。断了母乳后，根儿喝牛奶。由此，他爱上了牛奶。当时，根儿每天需要10瓶牛奶。我们根据他的生长需要，将奶粉、黄豆粉等加入牛奶中，充足的营养满足了根儿的身体需要。直到根儿3岁时上幼儿园，他的主食都是牛奶、面包、水果，而不是中国人常吃的米饭、肉和蔬菜。那个时候，无论蔬菜切得多细，他都无法下咽。我们顺应着他的食物方式，尽力满足他的饮食和味觉需要，从来不将他的饮食方式需要看成是一个问题，更不会给他贴上一个"偏食"的标签。我们从容淡定地看待他与其他孩子的不同。

上幼儿园后，他开始自然地适应幼儿园的饭菜。生存的本能让根儿在上幼儿园的第一天就用中餐填饱了肚子，适应中餐的过程非常顺利。之后，根儿不再以牛奶面包为主，开始吃中餐了。那个时候，只要他喜欢吃什么菜，我就尽力做好，让他吃得开心。根儿6岁时，特别喜欢吃糖醋排骨，我不会做，就买上排骨到一个同事家，让他教我如何做。然后结合根儿的情况，我加了一道用高压锅的工序，这样做出来的糖醋排骨酥软香脆，根儿能够嚼得烂，这道菜他喜欢了很多年。每天晚上在睡觉前，我们都会讨论"明天吃什么"，只要根儿提出要求，我都会尽力做到。这样的方式让根儿每天都能够享有美食给他带来的愉悦，让他尽情地感受到生活的美好。

英国剑桥大学最新研究表明，当一个人想吃什么的时候，就是他体内需要相应的营养素，所以大脑发出了"想吃这样的食物"的信号。如果成人满足了孩子想吃的食物，孩子就会感到身心的愉悦，大脑发出的饱足感信息能够有效控制孩子进食量。如果我们强迫孩子吃一些他不愿意吃的食物，孩子身体的需要就得不到满足，违背孩子意愿而下咽的食物不能够带给孩子身心的愉悦，大脑的饱足感信息出现缓慢，孩子可能进食更多的食物。长此以往，孩子消化系统出现紊乱，导致孩子暴饮暴食，乃至肥胖。

允许孩子有不喜欢的食物

我们有不喜欢的食物，我们也应该允许孩子有不喜欢的食物。父母不可以强行要求孩子吃不喜欢的食物，那样会破坏孩子的食欲，让他们觉得每天吃饭不是享受，而是艰难的任务。

绝大多数孩子都不喜欢吃苦瓜，根儿也是如此。而孟爸认为苦瓜清热解毒，应该要求根儿吃。我问孟爸："你不喜欢吃的东西，别人强迫你吃，你是什么感觉？吃东西本身是一种身心的享受，为什么一定要让自己在吃饭的时候被强迫，感到难受呢？我们是吃饭，不是吃药！要清热解毒就去吃药好啦！"我坚持反对强迫孩子吃不喜欢的食物。我认为，只有父母尊重了孩子的需要，孩子才能够学会尊重他人的需要。

回想起我小的时候，不爱吃韭菜，每次家里包饺子，母亲都会为我包净肉饺子，不加韭菜；我不吃蔬菜的茎，只吃菜叶，母亲就允许我只吃菜叶；我不吃豆腐、不吃藕、不吃大蒜……母亲从不给我讲豆腐和藕的营养价值，也不强迫我吃。在我上大学之前，我有很多不吃的东西，母亲从来不强迫我吃，让我内心深深地感觉到母亲对我的尊重、接纳、包容和爱。我传承了母亲的方式去对待根儿，根儿也会感觉到我的尊重、接纳、包容和爱。

孟爸错误地认为，强迫根儿吃下有营养但不喜欢的东西，才是对他的爱，因为根儿需要这些营养。然而，当根儿被强迫的时候，内心会感觉到不被尊重，不被接纳，丧失选择食物的自主权，根儿感觉不到父亲的爱。当父母发出爱的信息，孩子接收到的却是屈辱和不被尊重时，这种孩子没有接收到的爱，就不是爱，而是一种控制。

孩子有不喜欢的食物，被成人贴上"挑食"的标签，为什么成人不挑食呢？一个孩子对这个问题的回答是："因为他们都买自己喜欢吃的食物。"当孩子对自己所想吃的食物没有决定权的时候，"挑食"是必然的。等他们能够自主购买喜欢的食物的时，就不存在"挑食"的问题了。

每一个生命体都会根据自己身体的需求，对生命体发出摄入食物种类的信号。当身体内部需要某种物质的时候，就会让一个人想吃某类食物（不包括垃圾食品），满足身体内部的需要，这是上天赋予生命的原始自主性。所以，在养育根儿的过程中，我始终相信根儿生命中天赋的原始自主性，让他跟随自己身体内部的感受，吃自己喜欢的食物，由此获得健康的身体和自由的心灵。

尊重孩子对食物喜好的变化

人类的味觉会随着年龄的变化而发生改变。每一个年龄阶段，孩子都会有对食物有不同的喜好。小时候不喜欢吃的食物，可能到一定年龄后就喜欢吃了。比如，小时候孩子们都不喜欢吃带有苦味的蔬菜，长大后可能对这类蔬菜情有独钟；小时候不喜欢吃折耳根，现在喜欢吃了。很多成人都有过这样的经历。

根儿5岁多的时候，特别喜欢吃糖醋排骨，喜欢吃猪肉，不喜欢牛肉和羊肉。孟爸常常念叨："儿子啊，你为什么不喜欢牛肉、羊肉呢？牛羊肉有很多营养啊，你看草原上的人，专门吃牛羊肉，长得多健康多壮实啊！"孟爸总是不让根儿好好享受当下的糖醋排骨。过了几年，根儿突然不吃猪肉了，对牛羊肉特别喜欢，不吃猪肉的习惯持续到现在，这是孟爸做梦都没有想到的。所以，我们应该让孩子享受当下喜欢的食物，同时，让孩子接触多品种的对健康有益的食品，满足孩子的生长需要。

孩子的食欲是如何被大人破坏的

★孩子的饥饿反射被破坏

当孩子饥饿的时候，身体自然会有饥饿感，孩子便会寻找食物，这是生命原始的生存本能。这种本能的维系，需要成人尊重孩子的感受。但是，对于一些养育者来说，孩子本来没有感到饥饿，却被主观认为"孩子是饥饿的"，于是，"有一种饿，是大人觉得你饿"。错误的喂养方式导致孩子生命的原始本能被破坏。

在一家早教机构的大厅里，有4个2～3岁的孩子在等待上课，我看到了这样的景象：一个女孩被妈妈不停地催促着喝牛奶，妈妈快速地往她嘴里塞着饼干，女孩并不情愿地咽着；一个男孩坐在窗户边玩玩具，被阿姨不停地往嘴里塞食物，男孩把食物吐出来，阿姨又坚定地将食物塞进孩子嘴里；两个奶奶不停地追逐着孩子，趁孩子不注意时将蛋糕和包子猛地塞进孩子嘴里。这样的喂食景象我们可以在很多场所见到。

孩子被成人不停地往嘴里塞进食物，身体难以感受到饥饿感，孩子生存的原始饥饿反射就被破坏了，大脑没有机会建构稳定的反射路径：饥饿——进食——饱足——停止进食。孩子身体不能够产生饥饿反射，其进食的指令来自成人，一旦成人不喂食、不监督孩子进食，孩子就没有进食的欲望。由此出现孩子不主动进食、厌食，甚至在进食的时候恶心、呕吐、发脾气、拒绝食物等症状。

★孩子自主吃饭的权利被剥夺

孩子幼年的时候，对自我能力的认知是从吃饭穿衣这些本能活动开始的。这些不需要意志力，孩子只要感到饥饿就会想办法把食物送进嘴里，孩子在自己动手吃饭的过程中会发现自己的能力——我可以自己吃饭，我能够做得很好，这就是孩子通过吃饭建构的自我效能认知，并为自己吃饭技能的发展而感受到精神的愉悦。这样的愉悦让孩子非常愿意自己动手吃饭，也是孩子发展自主意识的基础。然而，很多时候孩子自主吃饭的权利被成人剥夺了。

有一天，我正经过一个小餐馆，看见一位奶奶正在给2岁左右的孙女喂饭。孙女拼命推开奶奶拿着小勺的手，大声地哭叫着："我自己吃，不要不要，呜呜呜……哇哇哇……"此时，奶奶指着我在的方向用恐吓的声音对孙女说："看，妖怪来啦，再不吃就被妖怪带走了！"我环顾左右没有发现还有其他的人，当即愣在那里看着她们。女孩看了我一眼，丝毫不认为我是妖怪，继续哭叫着拒绝吃奶奶喂的饭，努力用手抓过奶奶手里的小勺，但奶奶就是不放……

每当孩子要求自主吃饭时都被成人以各种理由拒绝，孩子的抗争总是以成人的压制而失败，就像餐馆门口的老奶奶对待小孙女一般。久而久之，孩子对自主吃饭不再抗争和要求，会认为这种反抗是无效的，渐渐形成习得性的无助感。这种习得性无助感会让孩子失去反抗阻碍自己内在发展的力量，这对孩子来说是致命的伤害。

成人给孩子喂饭让自己获得到了精神愉悦，喂饭的过程是成人表达对孩子爱的过程，心中充满了爱的人是幸福的。为了自己获得的精神愉悦，成人找出了许多给孩子喂饭的理由：我不喂他就不吃、我不喂饭他就不好好吃、如果让他自己吃他会吃得很慢、如果让他自己吃他会弄脏衣服、吃下冷饭孩子会病……让所有人都相信"我不给孩子喂饭是不行的"。成人为了满足自己的精神需求，他们给孩子喂饭，帮孩子穿衣，替代孩子做他们力所能及的事情，结果却是让孩子产生无能感、习得性无助感、自主和独立能力发展滞后。然后，我们慢慢地发现孩子不如我们的期望了，孩子长大了，但仍然等待我们喂饭、穿衣、收拾书包、监督作业……我们开始抱怨孩子懒惰、没有主动性、不思进取、粗心大意……我们开始出现口头禅："这么大了还不会……"

根儿2岁前被我的父母喂饭，一顿饭要喂两个小时，从客厅喂到卧室，又从卧室喂到厨房。根儿回到我们身边后，我和孟爸决定不喂饭。根儿和我们一起吃的第一顿午餐，我给他准备了一个小餐桌和小板凳，然后让他坐好，端上了他的饭菜，告诉他从今天开始自己吃饭，没有人给他喂饭了。根儿完全听不明白，因为他从来就没有自己吃饭的经验，所以他一直等着有人来喂饭。当我们吃完饭后，我也收走了他的饭菜。同时，我把家里所有的零食、水果都收了起来，并告诉家人在下午5点前不要给根儿任何食物。

下午3点左右，我看到根儿去翻他的零食柜，开始找吃的东西，我没有出声。他告诉我他的肚子饿了，要吃蛋糕，我指着墙上的大钟告诉他："长针指到12，短针指到5，你就可以吃饭了，现在没有饭吃。"根儿继续哭着说饿，我没有给他讲任何道理，只是陪着他玩。他不时地抬头看墙上的大钟，眼看着要到5点了，立即在他专用的小餐桌前坐好，我准时把饭菜端给了他。这是根儿第一次自己动手吃饭，从这次经验中，根儿获得了这样的认知：如果在吃饭时间，不自己吃饭，就会被饿肚子。就此，根儿喂饭的问题解决了。

根儿第一次自己动手吃饭，将很多饭粒撒在桌子上，脸上、鼻子上都沾上了菜饭，弄脏了衣服和地板。孟爸说不应该让根儿自己吃饭，浪费了粮食，还弄脏了衣服、地板、桌子。我告诉孟爸："我们需要算一笔账，是根儿独立自主能力的发展重要，还是浪费掉的那一点粮食重要？是根儿自信自尊发展重要，还是保持衣服干净和地板桌子干净重要？"每当遇到这类问题，我都会算一笔育儿之账，然后做出选择。我相信，智力正常的根儿用不了多长时间就能够学会吃饭，不再撒粮食，不再弄脏衣服和地板。

★孩子吃饭遭到各种干扰

和朋友一家共进晚餐时，发现她对3岁的女儿照顾得非常"周到"。只要女儿吃一口饭或者菜，她就立刻用餐巾纸擦干净女儿的嘴。尽管我多次提醒她不要为女儿擦嘴，自己好好吃饭；但她还是没有忍住，不断地给女儿暗示要保持嘴边的干净。后来，女儿不愿意继续吃饭，妈妈只好端着碗到儿童游玩区给女儿喂饭。

妈妈的眼睛一刻不离孩子的嘴唇周围，时刻让女儿保持嘴唇的干净。这让女儿的神经充满了保持嘴唇干净的压力，无法专心体验食物带来的美味，干扰了女儿对食物的享受，吃饭自然成为孩子的负担；于是，她干脆拒绝吃饭，去儿童游乐区玩耍了。

吃饭需要心境。美味的食物、漂亮干净的餐桌、温馨的氛围，能够让孩子静下心来享受进食带来的愉悦；每一位在餐桌用餐的人，都满怀热情地享用食物，孩子就会被感染，就会充满热情地品尝食物了。然而，在吃饭的时候，成人为了满足自己对孩子吃饭的关注需求，总是对孩子进食过程进行干扰和破坏，让孩子在吃饭时难以享受到片刻的宁静。

孩子进餐的时候，会莫名其妙地遭遇成人怎样的举动呢？

被警告： 孩子才坐到餐桌边就被几双眼睛注视着，大人们的眼神在告诉孩子："要好好吃饭啊！"孩子感觉被监视，感觉没有尊严。

被利诱： 孩子食欲正旺，刚大吃一口，成人故作惊奇地大喊大叫："宝贝真乖，吃了一大口啊！""乖乖，继续大口吃就奖励你一朵小红花。"孩子吃饭的内在需求被成人转移到为获得外在的赞美而吃饭，这是对孩子内在本能需求的破坏。

被催促： 孩子刚开始吃饭不久，就被成人不停地催促着"快点吃啊，饭都凉啦！""吃饭太慢是不好的习惯啊！"孩子的咀嚼功能、消化功能正在发展中，功能尚不如成人，他需要慢慢适应成人吃饭的节奏，需要在细嚼慢咽中体验食物给味蕾的刺激，成人的催促是对孩子生理机能发育水平的漠视。

被恐吓： "如果你不吃完饭就不准下楼找朋友玩。"

被数落： "你每次吃饭都这样慢，能不能快点，真烦人。"

被说教： "这个菜含有维生素和很多矿物质，还能够清理你的肠道，吃了会对你的身体好。"

被要求： "你一定要吃苦瓜，这是清热的，对你身体有好处。"

被提醒： "小心！汤渍不要弄脏衣服了""小心点，不要被烫着""先吃肉，后吃菜啊"

被比较： "好好吃饭就会长高。你看小东就是吃得多，所以他比你高很多，你要多吃饭就会长得比他还高了！"

被代替： "看你吃饭撒得到处都是，我来喂你吃吧。"

……

孩子体味食物的情绪被打乱，大脑专注食物的过程被干扰，孩子天生具有的食欲热情被这些杂乱的干扰破坏了。父母要学会换位思考，自己吃饭的时候有这么一帮人在旁边进行干扰，你还有食欲吗？你可能会立即逃离餐桌，找个安静的地方让自己舒服一点。孩子与我们一样，需要一个温馨、愉悦、被尊重的餐桌氛围，这对保持孩子食欲非常重要。

★孩子用餐的精神享受被剥夺

进餐时轻松、愉快、温馨、自主的氛围是吸引孩子就餐的巨大动力，在这样的环境中吃饭能够让孩子感受生活的美好，享受这样的氛围给自己带来的精神享受。孩子在家庭的用餐氛围中享受愉悦，他们也需要在幼儿园享受用餐带来的温馨和愉悦。

在北京李跃儿芭学园，孩子们用餐的时候可以自主决定吃餐盘里的食物，自己动手盛饭和夹菜，吃多少完全由自己决定，不论是小班和大班的孩子都一样。孩子们可以一边吃饭一边聊天，就像平时在家里吃饭一样，用餐的氛围轻松愉悦。如果有孩子大喊大叫，立即就会有老师出现在他身边，为她提供帮助。

在一些我去到过的幼儿园，孩子们吃饭的过程让我感到难受。有一次，我在一所幼儿园里准备讲课。正值孩子们的午餐时间，我来到一个班级里，孩子们正在埋头吃饭，很安静。我直奔一个我熟悉的孩子，然后小声地和他打招呼。令我吃惊的是，他用恐慌的眼神看着我，然后又埋头吃饭。我没有明白，继续说："昨天我们还和你爸爸妈妈一起吃饭呢，你不记得了？"他转过头来，非常快速而小声地对我说："吃饭不可以讲话。"然后怯怯地瞄了一眼老师，赶快低下头往嘴里扒饭了。这个时候，我才注意到周围的孩子都埋着头往自己嘴里扒饭，眼睛不看他人，害怕他人和自己说话。我当时的第一个感受就是：仿佛置身在监狱里，我在探监！

一天，在另一所幼儿园里，我正准备离开时，经过了一个教室的窗户，我习惯性地伸头看了一眼，发现老师两手抱在胸前神情严肃地来回巡视，孩子们坐着埋头"干活"，鸦雀无声。这给我的感觉是在写作业或者考试，于是我随口问了一句："他们在做作业吧？"陪同我的主任回应我："不是，他们在吃饭。"我当即懵了！吃饭为什么像上课那样坐着？吃饭的氛围为什么这么"冷"？吃饭为什么那么安静？我强忍着把这些问题咽了下去，这还是探监的感觉！

这是我们熟知的传统幼儿园里孩子们进餐的模式：孩子不可以自主夹菜，不可以说话聊天，被老师监视，老师不断发声"赶快吃啊！不许讲话！"对于吃饭慢一点的孩子，老师会给孩子喂饭，孩子无法下咽而哽噎……孩子们唯有紧张，没有进餐的愉悦和轻松，成人将此情景美其名曰"培养孩子吃饭的好习惯"。孩子到底想要怎样的进餐环境，才有利于培养孩子的尊严、自主、热爱生活的品质，这是需要成人思考的问题。

★孩子无法吃到可口的饭菜

一位母亲来咨询孩子吃饭的问题。她说："我儿子8岁，太偏食，每天问他吃什么，他都说吃蒸鸡蛋。我怎么能够让他喜欢上吃其他菜呢？"我了解到，她平时在家里负责为孩子做饭。我问她："你负责为孩子做饭，那你可以做几个孩子喜欢吃的菜啊。"她的回答出乎我意料，她说："我只会做蒸鸡蛋，不会做其他菜；所以，每天给他做蒸鸡蛋。"现在，读者已经明白了儿子为什么每天都回答说吃蒸鸡蛋了。后来，我告诉她："既然你希望孩子喜欢吃其他菜，就要去学习做其他菜的方法，每一餐为孩子提供不同的菜，孩子就会发现除了蒸鸡蛋，妈妈还可以做其他好吃的菜，孩子就有选择了。"

一位妈妈告诉我，她的儿子10岁了，在家里不吃肉，到餐厅里会吃很多烤肉，不知道为什么。妈妈担心餐厅里的肉不健康，也担心儿子每次去到餐厅吃很多肉，影响消化。我告诉她："你家里做的肉不合孩子的口味，如果你把肉做得像烤肉店的味道，或者比烤肉店的还要好吃，你的儿子就会吃家里的肉了。"这位妈妈说："家里是阿姨做饭，水平有限，味道的确做得不合孩子胃口，怎么办呢？"我提出了建议："带阿姨吃一次烤肉，然后让阿姨试着做这样味道的肉菜，孩子每天可以在家里吃到可口的肉后，就不会每次到餐厅大吃烤肉了。"

★孩子常常在用餐时被训导

一些父母喜欢在餐桌上训导孩子。每到吃饭时，一家人坐在了一起，本该享受家人用餐的温馨时间，父母就开始数落或训导孩子，让孩子感觉紧张，再好的美食也无法激起孩子的食欲，吃饭变成了填饱肚子的过程，体会不到美食带来的精神愉悦。

我的父母是医生，很讲究每餐的营养搭配。加之家里经济条件尚可，我们每餐都有肉有蛋，每周都会吃一次鸡，包一次饺子，生活条件在当时是很好的了。每天的吃饭时间，餐桌上的美食会激发我们的食欲；然而，每到这个时候，父亲就开始对我们进行训导，他念叨的话语我至今都记得。如果餐桌上有鸡肉，他就会说："你们不好好念书，以后就没有鸡肉吃，只有吃牛屎拌苞谷。"如果餐桌上有排骨，他就会说："你们不好好念书，以后就没有排骨吃，只有吃牛屎拌苞谷。"如果餐桌上有香肠、腊肉，他就会说："你们不好好念书，以后就没有香肠、腊肉吃，只有吃牛屎拌苞谷。"……每天如此，每餐如此，面对美好的鸡肉、排骨、香肠、腊肉，我们内心背负着对未来沉重的负担，担心自己未来的日子只能吃牛屎拌苞谷，哪里还有心思开心享用美食啊！

每次考试成绩下发后，成绩好的时候，他依然在餐桌上重复"牛屎拌苞谷"的套话，以鼓励我们继续努力取得下次考得好成绩；如果考试成绩不好，他就会在餐桌上训斥我们，训斥结束后，重复三遍"牛屎拌苞谷"的套话。现在想起来，那些父母精心烹饪的鸡肉香肠，其美味没有给我们留下点模糊的记忆，而"牛屎拌苞谷"却深深地印在记忆深处，因为伤及了我们的自尊，从此成为挥之不去的阴影。

多年前，我和父亲回忆起这段历史，告诉他当时他的"牛屎拌苞谷"是如何对我们产生了恶性刺激，我说："我们那个时候都害怕吃苞谷，你可以用'吃苞谷'来吓唬我们，但你为什么要用'牛屎拌苞谷'来刺激我们，多恶心啊！"父亲说："不说牛屎拌苞谷，你们怎么会努力学习呢？怎么会考上大学呢？"父辈的方式就是这样，他们总认为用负面的信息来刺激孩子是最有效的。

如何管理孩子的零食

喜欢吃零食，这是孩子们的天性。成人在满足孩子对零食的欲望时，要为孩子建立管理零食的规则。让孩子学会自主管理零食，是父母管理孩子零食的终极目标。父母如何帮助孩子建构起自主管理零食的能力呢？我用根儿的零食管理来讲解这个问题！

我从不对根儿说"吃零食不利于健康"这样的话，也不会训导他说"吃零食是不好的习惯"，我希望他尽情享受喜爱的零食，不背负讨好父母的负担。对于根儿吃零食，我给予他一定的自由，不规定他吃零食的时间，也不限制他吃零食的品种。我专门为他设了一个零食抽屉，所有的零食都放在这个抽屉里，抽屉位于他能够掌控的位置，便于他取零食，也便于他对零食进行管理。

给予根儿吃零食的各种自由的同时，我也制定了零食管理的规则，规则如下：

- 每周去超市购买一次零食，其他时间不可以任意购买。
- 每周去超市前，先清理装零食的抽屉，根据零食剩余情况决定添加零食的数量。
- 每次去超市选购零食时，可以选择两款零食，每款零食数量

2~3个（包）。

- 对于以前没有吃过的新品种，每次可以选择一款；如果是大包装，只能够选择一个，如果是小包装则可以选择两个。对同一款新品种，如果有大小两种包装，选择小包装。
- 如果新款零食不好吃，可以扔掉。这样可以让根儿不用担心被父母谴责自己"浪费"，永远对新奇的事物保持兴趣。

这种自主性让根儿对零食非常坦然，具有极大的零食安全感，不会出现暴吃零食的现象。根儿从来没有出现过因为吃零食而不吃饭的情况，因为每一餐都有他喜欢吃的菜，这是他不愿意放弃的。而且，当初的管理零食规则已经延伸成为根儿现在的购物习惯——有计划地购买所需物品。所以，父母可以利用孩子对零食的喜爱，让孩子在对零食管理的过程中，学会自我管理。

广告里的误区——孩子的食欲靠药物刺激

在一些针对孩子吃饭的广告中，我们常常看到这样的情景：一个健康的孩子出现了，孩子开始不愿意吃饭，大人又是劝又是喂又是讨好，孩子还是不愿意吃饭；后来，孩子吃了某个品牌的药物，就喜欢吃饭了。这样的广告所传递给大众的信息是：孩子对食物的需求是药物的作用，而不是孩子生命本来的需要。

如果一个孩子身体是健康的，他对食物的需要来自生存的本能，是生命内在需求，不需要依靠外来的药物刺激食欲。当身体产生了饥饿感，就会主动去寻找食物，填饱自己的肚子。

如果孩子的身体健康，却出现了厌食，那么，首先要找到的是导致孩子不愿意吃饭的原因。比如，孩子被成人错误的养育方式破坏了食欲，导致了孩子在精神上拒绝吃饭。解决这些问题的办法是让成人改变错误的养育方式，才能够解决孩子不愿意吃饭的问题，而不是让孩子来吃药。

如果孩子的身体因为疾病出现了食欲不振，为了促进孩子身体的康复，适当使用促进食欲的药物是可以的。但是，在广告中，孩子们的身体很健康，并非疾病导致食欲下降而需要用药。

父母在为孩子的吃饭问题焦头烂额之时，首先从孩子的身体健康方面寻找原因。如果孩子的身体健康，就不是健康引起的食欲下降，要从成人的喂养方式中寻找原因。不要轻易地听从广告的诱惑，让孩子吃不该吃的药。

小结

根儿的食欲非常好，吃饭对于他来说是一种享受。用他自己的话来说："妈妈从来没有强迫我吃什么，所以我现在有个好胃口！"如果您想养育一个食欲健康的孩子，请认真阅读并践行以下几个建议：

- 尊重孩子生命中上天赋予的生存本能，不要破坏它。
- 按照孩子的需要提供他喜欢的食物。
- 给孩子进食的自主权，自己动手吃，不要喂饭。
- 不要强迫孩子吃他不喜欢的食物。
- 营造温馨宁静的用餐氛围，切忌在餐桌上教育孩子。
- 餐桌上的每一个成人都好好吃饭，这是对孩子的身教。
- 允许孩子用餐时间比成人长。
- 不要相信吃药能够让孩子好好吃饭。

总之，吃饭是一个人天生的必要需求。父母只要不破坏孩子的食欲，孩子自然会好好吃饭。如果遇到天生胃口不好的孩子，父母尽量将孩子的食物做得精细一点，不要强迫、利诱、威胁、恐吓孩子吃更多的食物。

附：如何应对老人给孩子喂饭的问题

很多父母都不赞同老人给孩子喂饭，但老人坚持给孩子喂饭。如果父母坚持自己的意见，老人会生气。面对这个问题，父母该如何选择呢？我们来听听妈妈们是怎样做的：

妈妈甲：这个问题对于我真的是个难题。这个问题的理想答案是通过沟通与父母达成一致。如果不能达成一致，就请父母回避，自己亲自来带。但在实际操作中，往往父母是带孩子的主力军，和他们沟通时，不仅难有成效，还要被数落一番。我要是反驳，婆婆还会说："我带了几个孩子都是这样带过来的，还不如你呀！"我给父母看书或者讲新的教育观念，他们都很固执。如果不让步，就会有矛盾，老公会认为我不孝顺老人。所以，我只有让步让步再让步了。

点评：当我们决定生孩子的时候，也应该做好孩子出生后的养育计划。这个计划的实施者应该是孩子的父母，而不是爷爷奶奶或外公外婆。孝顺老人并非顺从老人所有的言行。对于老人养育孩子的错误方式方法不予阻止，反而以牺牲孩子身心健康发展为筹码，用来平衡家庭关系，换来"孝顺老人"的标签，这是对孩子的不公。

妈妈乙：我妈帮我带孩子，每次我不让她给儿子喂饭，她就生气，还拿我来举例，说我到小学了她还给我喂饭呢！我最受不了的是只要一吃饭就给孩子放动画片，她说这样孩子才能多吃。有时候我坚持不让孩子看动画片吃饭,我妈就凶我一顿。我不想在孩子面前跟任何人发生争吵,就让步了。孩子也形成习惯了,他坐在饭桌前就要看动画片。如果老人在家里唱反调,我就真的没法,因为我从小就怕长辈。

点评:在妈妈的话语中,我们看到了她从小被母亲强势喂饭而带来的懦弱,懦弱成了她的人格特质,导致她无法与母亲抗争,只好委曲求全。母亲将其强势再次用在了外孙身上,未来,懦弱会成为外孙的人格特质。

妈妈丙:当时我是这样处理的,老人要喂就喂,之后和孩子说:"你是大宝宝了,再让奶奶喂你吃就不好了,奶奶总不能跟到幼儿园喂你吧!"

点评:妈妈的错误在于没有坚持让孩子自己吃饭,老人的错误在于坚持喂孩子吃饭。而孩子没有错,但妈妈却将自己和老人的错误让孩子来承担责任,并试图让年幼的孩子来反抗老人。妈妈的做法让孩子感到自责和无助,因为孩子无力改变老人强势给自己喂饭的现实。

妈妈丁:毕竟没有办法自己带孩子,所以我有时候也尊重我婆婆的办法。当我们两个对待事情完全不一样而我又没有办法改变的时候,我会跟孩子说:"这个家里是爸爸妈妈说了算,你必须听我们的。"现在的情况是,我们在家里,孩子只认我们,不听爷爷奶奶的话;我们离开家上班了,孩子就非常听老人话,让干啥干啥。

点评:妈妈和奶奶的双重标准让孩子迷失了自己:对同一件事情,到底我该如何判断是与非,到底是妈妈正确还是奶奶正确?孩子在这样分裂的环境中成长，会破坏孩子价值观的建构，同时，导致孩子表里不一、阳奉阴违的人格。

妈妈戊：如果我坚持不让孩子的奶奶喂饭，老人就说自己在家怎么怎么辛苦，我们怎么怎么不领情，娃身体不好，还不让喂饭，不好好吃哪能身体好，简直就是虐待娃……然后在家不高兴，摔门，给脸色，用她自己不吃饭来惩罚我们！然后就生气，生气就生病，生病就得上医院，当儿女的还得请假照顾她！我觉得真不划算。

点评：老人将照顾孩子作为自己邀功的砝码，并以此要挟，让全家人顺从老人的心理需要，而不顾及孩子的发展需要。父母可以算一笔账，是保护孩子的健康发展重要，还是顾忌老人的负面情绪重要，然后父母做出选择。

妈妈己：我很温和但是坚定地对婆婆说："孩子喂饭这个事情请一定听我的！因为我是孩子的妈妈，我要对他的行为负责。如果您因此不愿意帮我带孩子，我表示理解和遗憾！"后来我在家，婆婆不再喂饭；我不在家，婆婆要给孩子喂饭，孩子说妈妈不让喂，这样几次，婆婆也就不喂了。她威胁不帮我带孩子，我不在乎，因为我自己完全可以搞定。要是求着老人家帮自己带孩子，自己还不满意或者对老人家有经济上的想法，那老人家肯定容易拿捏你啦，无欲则刚嘛！孩子慢慢养成了好习惯，老人家也能看到，也就越来越能尊重我们的教育方式了。

点评：经济独立，思想独立，养孩子独立，不依赖他人，坚持保护孩子的成长，这才是成熟的父母。

喂饭所带来的冲突，仅仅是两代人众多教育理念冲突中的一个。在应对这些冲突时，父母们需要面对一个选择，是保护孩子的发展，还是牺牲孩子的发展来顺从老人？想清楚自己要什么，是做出选择的前提。为了避免发生两代人养育孩子的冲突，给父母提出以下建议：

- 生育孩子前，做好养育孩子的规划。在这个规划中，不依赖他人照顾孩子。
- 父母要能够独立承担起养育孩子的任务，不要依赖老人。
- 如果需要老人带孩子，要与老人"约法三章"。比如"父母在教育孩子时，老人不可以插手护着孩子""不可以喂饭""不可以帮孩子穿衣穿鞋，让孩子自己完成力所能及的事情"等，耐心与老人沟通养育孩子的正确方法。
- 带老人参加一些教育培训，给老人买一些新理念的育儿书籍，让老人懂得现代育儿的新理念和新方法。

孩子渴了自然会喝水

人离不开水，这是生命能够存活的基础。当人体缺水的时候，身体会自动发出缺水的信息，表现为人感觉到口渴，然后就会主动喝水，满足身体对水的需要。这个自然的生理反射程序存在于生命基因中，是人类生存的原始本能。

如同保护孩子的食欲一样，我们也应该保护孩子喝水的本能。然而，"有一种口渴叫妈妈认为你口渴"，当孩子的身体还没有启动喝水的反射程序，父母已经将水喂进了孩子的嘴里，让孩子的身体没有机会启动自身喝水的程序。久而久之，孩子不知道什么是口渴，什么时候该喝水，喝水的指令来自外界，而非自己的身体。大人叫孩子喝水，孩子就喝水；大人不发出喝水的指令，孩子就不会感觉到口渴，不会自己主动找水喝。孩子的原始生存本能因此被破坏。

在"善解童贞"亲子课堂里，每次上课前我会给父母宣布一条纪律：不可以在课堂中上前来给孩子喂水、喂食。这是因为经常发生这样的情形：我正在讲课时，一位母亲突然上前来到孩子身边，把一块饼干塞进孩子嘴里，然后再把一瓶水递到孩子嘴边，让孩子喝水。这种事情发生了几次之后，我便制定了这个规则，要求在课堂里的父母共同遵守。

在很多次课堂的课间休息时间，孩子们开始玩耍，我看到父母们都把水杯直接递到孩子嘴边，让孩子把水喝下。孩子们应付地吸一口，然后自顾自玩耍去了。我问父母们："孩子都八九岁了，他们难道自己不会感到口渴，然后自己主动找水喝，一定要你们把杯子递到孩子嘴边吗？"父母们告诉我："如果我们不督促孩子喝水，不把水杯递到孩子嘴边，孩子可以一天都不喝水，那样对身体不好啊！"

这样的答案让我非常吃惊。这些孩子已经八九岁了，他们身体内在的喝水反射已经被成人完全破坏了。我了解到，在这些孩子很小的时候，孩子喝水都是由成人控制。成人对孩子喝水有一种焦虑心态，总是自以为是地认为孩子不知道喝水，把生命发展正常的孩子当成一个对吃喝拉撒感知障碍的孩子。由此，我们将一个刚出生就会找奶吃的孩子，养育成了一个没有饥渴感的孩子，把孩子的生存本能从孩子的生命中拿掉了，这是成人对生命极其不尊重的意识和行为。

如何保护孩子的喝水本能呢？为父母提出以下几个建议：

- 为孩子准备他能够自主使用的奶瓶或水杯，专用于孩子喝水。
- 将孩子的水杯放置在孩子能够拿到的地方，这个地方最好是固定的。
- 在孩子的专用水杯旁，配置一个孩子可以自主取水的盛水容器，容器要适合孩子独立操作，容器内的水保持温热或常温即可。
- 允许孩子在最初取水阶段将水泼洒，这是孩子学会取水的必经之路。
- 允许孩子按照自己的身体感受喝水，不要将提醒孩子喝水作为成人必然的工作。
- 不要要求孩子的喝水量，孩子的喝水量是由孩子身体的需求决定的。

孩子在1岁半至2岁,就可以按照我们上述的建议实施了。但是,孩子在这个年龄之前,成人要有意识地尊重孩子身体的感觉,口渴的时候,再给孩子喝水。

排便的训练

排便自动控制系统的形成

人如果不排便,身体就无法进行新陈代谢,生命也就难以存活。排便,也是生命的本能。

成熟的排便反射需要经过这样的路径:当膀胱中储存满尿液或直肠中装满粪便后,神经反射发出信号至大脑,大脑判断所处环境是否可以排便,如果环境允许就排便,如果环境不允许,就要忍住,直到到达环境允许的地方再排便。这就是人体排便自动控制系统的工作过程。

孩子出生后,排便的自动控制系统发育尚未完善,要经历四个阶段的发展才能够成熟,其发展过程大致如下:

第一阶段,孩子出生时,尿道(肛门)括约肌发育不成熟,膀胱(直肠)装满尿液(粪便)后,会自行排出,这个阶段给孩子用尿布或纸尿裤。

第二阶段,大致在孩子1岁至1岁半左右,尿道(肛门)括约肌发育基本成熟,膀胱(直肠)装满尿液(粪便)后,神经反射至大脑,身体感觉到便意;同时,此阶段孩子的语言发展到可以与感觉配对,于是,孩子可以清楚地告诉成人"我要尿尿(大便)了",孩子在成人的引导下到洗手间排便。

第三阶段,1岁半至3岁左右,孩子需要发现自己膀胱(直肠)的临界容量。这个时候会出现憋便,当憋不住的时候就会尿裤子或将大便拉在裤子里。这个过程让孩子找到憋不住便便的临界点感觉,临界点感觉的出现,将意味着尿裤子或将大便拉在裤子里。

第四阶段，3岁半至4岁半左右，孩子需要调整排便的感觉，找到在憋便临界点之前2～5分钟的感觉，这个感觉告诉孩子"快要憋不住了，必须立即去解便"，因为有了这个准确的提示，我们才不会尿裤子。比如，我们在开会的时候会尽量憋尿；但是，我们不会等到尿裤子才去洗手间，而是清楚地知道某种感觉出现的时候就必须去洗手间，否则就会憋不住了，这种感觉就是"憋不住"的感觉。

孩子的排便自动控制系统的形成过程是由生命基因决定的，是生命的本能。成人需要懂得这个过程，并尊重这一过程，不可以按照成人的意愿来训练孩子的排便。

小便训练

孩子的小便训练的目有两个：一个目的是让孩子到卫生间小便，一个是让孩子独立小便。

根儿1岁之前，我们给他用尿布，每次尿湿后就立即换上干净的，尽量不把尿，也不提醒他小便。1岁之后，根儿有尿意的时候，稍加忍受并向我们发出信号。当时，我们在客厅里为他准备了一个大尿盆，他一旦发出小便的信号，我们就将尿盆端到他面前，让他排尿。这个过程中，根儿的排尿完全由他的身体感觉支配，没有来自成人的干扰，这是排尿自动控制系统发展的保障。根儿逐渐知道了他的专用尿盆，每到小便时主就主动走到尿盆处；再后来，我们把尿盆移动到卫生间，他会去到卫生间找尿盆，我们告诉他直接尿在马桶里，不用再尿在盆里了。训练根儿到卫生间小便的过程过渡得很自然。

由于我们没有干扰和破坏根儿的排尿自动控制系统发展，跟随着他自身的发展进程，根儿的排尿控制能力发展很顺利。在研究儿童性发展的过程中，我遇到很多排尿控制发展出现问题的孩子，究其原因，主要是养育者对孩子排尿控制系统干扰过多——不断提醒孩子小便和强行把尿。

训练根儿到卫生间小便，我们做得正确；但训练根儿独立小便，我们犯下了错误。外公外婆特别宠爱根儿，每当他要小便时，外公都会帮助他脱裤子，帮他解便。一切都是外公代劳，这样的状况持续到根儿上幼儿园。上幼儿园的第一天，我担心根儿尿裤子，为他准备了几条干净裤子交给老师。等到下午我去接他时，发现他穿着早上入园时穿的裤子，心想：天啊，不知道尿湿了几条裤子，都换了一个轮回了！立即找到老师问明情况。老师笑着告诉我："孩子没有尿裤子，只是小朋友都上卫生间的时候，他站在那儿不动，高声叫道'谁来帮我抬着小鸡鸡，我要尿尿啦！'我告诉他自己抬着小鸡鸡，像其他小朋友一样，然后他就自己动手了。"孩子应该力所能及地照料自己的吃喝拉撒，解便是根儿力所能及的事情，我们应该在根儿开始学习解便的时候，就让他独立解便，这是我们的育儿教训。

大便训练

大便训练的目的有三个：第一个目的是让孩子知道在卫生间大便；第二个目的是让孩子独立大便；第三个目的是让孩子学会大便后擦拭干净。

在对根儿大便训练这件事上，我们也犯下了错误。根儿1岁多时，他不愿意自己坐在马桶上大便，一定要外公抱着解大便，大便后擦屁股也是外公代劳，这种情况持续到了根儿上幼儿园。根儿上幼儿园后，我们尝试让他蹲着解大便，折腾了半年之久他才做到；但他坚持不擦屁股，一定要我们帮忙。我一直在寻找解决这个问题的办法。根儿快满5岁之前，我每次帮他擦屁股的时候，告诉他："你马上就过5岁的生日了，已经是个男子汉了。5岁生日后，你就要自己擦屁股了，我们不再帮你了。"经过一段时间的心理适应，根儿5岁生日后的第二天，他自己动手擦屁股了。我教给他擦屁股的方法后，他做得很好。从此，我们不再帮他擦屁股了。

如果当年我懂得了教育应该从生活中开始，我就会让根儿在1岁多时，开始独立解大便，自己擦屁股。这是孩子力所能及的事情，是培养孩子独立意识和精神的教机。但是，我错过了这个教机。

如厕训练

父母要跟随孩子排便控制能力的发展，来把握住时机对孩子进行如厕训练。如何才能做好孩子的如厕训练呢？父母需要把握的原则如下：

第一，在孩子1岁半之前，不要进行如厕训练，不要要求孩子坐马桶，不要训练孩子如何脱下裤子解便。因为这个年龄阶段的孩子，尚未健全如厕的体能和心理准备，大部分孩子是在2~4岁才能够为如厕训练做好准备。

第二，孩子出现了以下行为，说明孩子已经为如厕做好了准备。当然，这需要父母仔细观察。这些行为是：孩子用语言或者动作向你表达他的便意；孩子很关注自己的排便，关注照顾者对自己排便的反应；孩子很关注父母的排便，想看父母排便；不愿意在纸尿裤上排便；孩子能够独立穿脱宽松的裤子。

第三，父母需要做的事情：在如厕训练前，需要为孩子简单讲解排便的身体部位；当孩子表达出想解便的时候，指示孩子到便盆或者马桶那儿去排便；当孩子没有便意的时候，不可以强求孩子解便；当孩子自己成功完成解便，成人不要表现得过于兴奋，也不要猛烈地赞美孩子，就当这是一件平常之事；如果孩子尝试解便时失败，建议孩子下次再试一试，不要责备和呵斥孩子；父母不要对孩子说他的排泄物"好脏、好臭、恶心"等，不要让孩子感觉到自己的排泄物是"令人讨厌的东西"。

总之，如此训练只是让孩子掌握一项新的技能，父母不要给孩子传递"成功解便就是好孩子，不按时成功解便就是不讨人喜欢的孩子"的价值观,不要将孩子的排便与惩罚和奖励联系起来。

错误的排便训练带来的后遗症

当孩子的排便自动控制系统的发展过程被成人干扰破坏,孩子的身体和心理都会留下后遗症。通过一位母亲给我的来信,我们来看看她的遭遇。

胡萍老师您好!

　　我是榆林的一位妈妈,您来榆林讲座时,我当时就坐在观众席听您讲课。最近又买了《善解童贞1》《善解童贞2》在看。我知道您是一位注重实际调研的专家,所以把自己的亲身经历告诉您,希望对您的研究有用,并希望用你们团队的力量传播出去,让更多的爸爸妈妈不要这样做。

　　我是一个从2岁就开始有记忆的人,2～3岁时的好多场景现在都历历在目,因此也明白了幼时的事情对我现在的影响。而大部分人对那段时期的记忆是很模糊的,甚至完全不记得,所以他们可能会发现自己有一些问题,但不知道是什么原因造成的。您在《善解童贞1》里写到了给孩子把尿对孩子生理发育的不利影响,对心理有没有不利影响还没有结论。我现在就用自己的经历肯定地回答:有。

　　在我两三岁的时候,父母为了让我不尿裤子,会频繁地问我尿不尿。而我当时也不知道什么样的感觉是想上厕所了,什么样的感觉是不需要上厕所。所以父母问我尿不尿其实就是一种心理暗示,只要他们问,我就一定会去尿。也就是说,我从来没有以膀胱的充盈程度为信号上厕所,而只是以他们的指令为信号上厕所。而且,爸爸还常以我不尿裤子为炫耀的资本,向同龄人的父母炫耀。我是个很乖巧的孩子,家长的炫耀和别的父母的羡慕更强化了我不能尿裤子的意识，但其实我对自己身体的需求根本不清楚。所以，上了小学后，我每节课下课后，不管身体的感受怎么样（事实上当时也是麻木的），都会去上厕所。如果说不去上厕所，就会有想上厕所的感觉（这是当时身体呈现出来的真的状态，不仅仅是主观的怕尿裤子，现在看来应该是心理层面的因素造成的）。因此，要好的同学就非常纳闷，常常问我："你就那么多尿吗？"但我也说不出个所以然，就是感觉下课就应该上厕所，不上厕所就不行。还有一个问题就是，即使刚刚上过厕所，同行的人说要上厕所，我也一定要再去一次，不然就感觉忍不住了。那时，我常为了上厕所导致上课迟到。每节课下课必上厕所的习惯一直保留到了高中。到高考前，我还为上厕所的问题担心。因为平时都是每节课去一次，高考考试时间相当于平时两节课的时间，我很担心。还好高考没受到影响，但没有人知道我花了多少功夫来调整这件事情，心里承受了多大的压力！

像我这样的情况，算不上病态，也没有构成严重的后果，但当事人的心里是要承受本不应该有的煎熬。我本来可以把精力放在更加有意义的事情上。当然，也许我只是个例，但起码证明把尿对心理也是有不良影响的。希望更多的父母知道我的经历，不要再像我父母那样做。愿我们的下一代更加的健康、快乐。

强行把尿即强迫孩子在没有便意的情况下排便，这种行为破坏了孩子排便自动控制系统的建构。从这封来信中，我们看到了从小被强行把尿给孩子带来的身心伤害。如果想要对孩子的排便问题有更加深入的了解，读者可以参阅我的《善解童贞1》。

不要破坏孩子的睡眠节律

睡眠是人的本能。人如果不睡觉，就不可能存活在这个世界上。睡眠的程序被植入人类的基因，成为人类生存的基本需要。

每个孩子的睡眠规律不一样。根儿出生时的睡眠状态完全是黑白颠倒，我叫他"外星人"。根儿刚出生后不久，就开始夜里不睡觉，每天晚上11点开始兴奋，两眼放光、精神抖擞地玩耍到第二天上午6点钟，然后开始睡觉，一睡一整天，只有饿了要吃奶时才会醒过来。都江堰的冬天非常寒冷，在漫漫长夜里，我常常抱着他在房间里转悠，或者抱着他照镜子——根儿喜欢一动不动地看着镜子里的我和他。

睡眠不足的我精疲力竭。我想结束这样的状况，白天弄醒睡着的根儿，可他醒过来立即又睡过去；晚上努力哄他睡觉，可他目光炯炯有神，毫无睡意。无论我怎么努力，都无法改变他的睡眠节律。在坚持两个月后，我狠下心，偷偷在晚上喂他安眠药，连续喂了一个星期，他依然如故，安眠药对他完全不起作用，我也不敢再加大剂量了。此事被我父亲发现后，狠狠地训斥了我："你要把孩子弄成一个傻子怎么办？再也不许给孩子吃安眠药！"母亲看到我在白天试图弄醒酣睡的根儿，也会告诫我："孩子睡觉的时候是生长最好的时机，不要打搅他，让他睡吧！"

一番折腾之后，我放弃了改变根儿睡眠节律的努力，打算顺应他的节律。我宽慰自己，或许，"外星人"来到地球，他的时差一时还难以颠倒过来，我们就顺着他吧。从此，我也是白天睡觉，晚上陪伴孩子。

二十年前，我对早教的全部理解就是给孩子读唐诗——孩子喜欢有韵律感的语言。根儿白天睡觉，无法进行早教，夜里如果能够躺在床上读唐诗，也是可以的。于是，我立即买回一本《唐诗三百首》，从月子里开始，每天晚上读给根儿听。

深夜里，根儿只要听到我读唐诗，他就安静地躺在被窝里，眯缝着眼，享受着唐诗的韵律；一旦我停下，他就会发出抗议的哼哼声。疲惫不堪的我只好用手扒开眼皮继续读。在那个冬天的夜里，房间里彻夜回响着我念唐诗的声音。

夜读唐诗、宋词坚持了一年多，我已经能够背诵的唐诗不下三千首了。根儿的睡眠节律在慢慢地发生变化：1岁以后的根儿凌晨4点睡觉；2岁以后，凌晨2点睡觉；3岁上幼儿园后，睡觉时间提前到晚上10点。他什么时间睡觉，我就读到什么时间，这让他形成了睡前"阅读"的习惯；这个习惯一直坚持到根儿8岁，他能够自己阅读之后。

根儿是一个精力超级旺盛的孩子。上小学后，他也是在夜里11点后睡觉，从来不午休；初中阶段学习很紧张，也是到零点后才睡觉，早晨6点起床，也不午睡；在深圳读高中期间，有了很多自由时间，他也在零点以后睡觉。

或许，这个世界上少数的孩子有着过人的精力，他们每天不需要那么多的睡眠时间，他们能够按照身体的节律来管理自己。当有倦意的时候他们才睡觉，保证了他们能够具有高质量的睡眠。当我这样来解释根儿的睡眠时，我释然了，不再纠结于"早睡早起身体好"。我认为，不论孩子的睡眠节律如何，只要他的精力不被影响，能够自主地管理自己的睡眠，就可以被接受。

在剑桥大学上学期间，学习任务重，根儿每天要到零点以后才能够睡觉，但他依然可以保持着旺盛的精力。现在，根儿已经毕业，在工作期间，他继续保持着每天晚上看书学习的习惯，依然是零点以后才睡觉。

让孩子顺其自然地学会说话

　　人类是一种社会性动物，需要聚集在一起才能够生存和发展。人类利用语言来进行沟通，相互了解，交流信息，传递感情……这样才能够创造人类需要的和谐生存环境。在人类进化过程中，语言发展规律被植入了人类基因中；孩子出生后，按照语言发展的基因程序，逐步开启语言能力的发展。

　　根儿半岁的时候，已经能够听懂我们的话语，并对此做出反应。比如，我们说"灯灯"，他就会用手指着灯。1岁半的时候，根儿还不会叫"妈妈""爸爸"，也不会用语言表达自己的需要，但他会用自己的方式来表达，比如，需要什么东西的时候，他会用手指着，嘴里发出"喔喔喔喔"的声音，我们就会知道他的意图了。

　　孟爸曾经怀疑地问我："儿子是不是哑巴啊？别的孩子1岁半早就说话了，他怎么还不会说话呢？"我凭借医学知识，打消了孟爸的顾虑。我告诉他："一般来说，如果孩子生来就是哑巴，那么，他就会又聋又哑。儿子不聋，我们说的他都明白，他只是说话晚一点，不用着急。"我坚信根儿会讲话，所以，没有把他讲话晚于同龄孩子当作一个问题，更没有专门去训练他语言能力。

　　根儿2岁的时候，才开始喊爸爸，然后喊妈妈。开口讲话后，根儿的语言表达非常清晰，每个字都说得很清楚。孩子在语言发展的阶段中，会经历一个分不清楚"你、我、他"的时期，一些孩子这个时期比较长，而根儿的这个时期非常短暂：不到一个月，他就能够准确地使用"你、我、他"了。此时，根儿的语言表达能力与同龄孩子没有差距，仿佛他是将语言系统完全准备成熟了以后，才开口讲话。相比开口说话早的孩子，根儿经历的表达不清楚的阶段要短很多。所以，不论孩子开口说话早还是晚，只要为孩子提供正常的语言环境，到了一定年龄，孩子都能够清楚准确地使用语言。

根儿3岁进入幼儿园，语言的发展进入新的阶段。一天放学回家，他对我说："妈妈，我们班的小红非常的不站着拉屎。"我立即意识到他想表达的是"小红站着拉屎"，可能刚学会了"非常"这个词，正在练习使用，于是，将"非常"放入句子中后，这句话中的词汇使用有些混乱了。我要保护他对语言尝试的积极性。我问："小红站着拉屎了，是吗？"根儿说："她不蹲着拉屎。"我回应道："妈妈明白了，她没有蹲着拉屎。"在孩子进行语言学习阶段，不要轻易地去纠正孩子说出来的"病句"，这会让孩子失去尝试新词语的勇气和信心，欲速而不达。

根儿生活的环境存在几种语言：外公说的是带江西味道的四川话，外婆说的是带云南味道的四川话，我说四川话，孟爸说昆明话。这让儿子的语言系统需要更多的时间来进行整合，这也是他说话比同龄人晚的原因之一。然而，多语言的环境对根儿有弊也有利，他的语言分辨力和接纳力要比生活在一种语言状态下的孩子强，这样的能力为他后来学习英语带来了极大的好处。

如今，我庆幸自己当初的"木讷"，让我无意中接纳了根儿语言发展落后于同龄人的状态。如果在今天，我可能招架不住周围人对根儿语言落后的评价，要对根儿进行语言训练了，那样可能会毁了根儿对语言的安全感、自信心、感受力，破坏他自己整合语言的过程。父母如果陷入"自己的孩子不如他人的孩子"的恐惧之中，其"慌不择路"的行为会打乱孩子自我调节和整合的过程。

一些孩子生长在语言匮乏的环境中。比如，一些孩子由老人和保姆照顾，他们很少与孩子进行语言交流或者交流使用的语言极其单调；孩子很少有机会与同龄孩子交往,大部分时间是独处,或者看书、看电视。在这样环境中长大的孩子,语言发展会受到阻滞。如果存在这样的教养环境,孩子语言能力又滞后,就需要改变孩子的成长环境,而不是强求孩子进行语言训练。

如果孩子语言发展比其他同龄孩子慢,可以先请医生进行检查,确认没有生理缺陷后,再排除教养环境对孩子的影响,然后耐心等待孩子语言发展的节奏,给予孩子自身的调整时间,孩子的语言自然能够达到正常水平。

对于孩子的语言发展,给父母的建议:

- 耐心等待孩子开口说话。
- 不要急于教孩子说话。
- 不要纠正孩子的语句错误,孩子会慢慢纠正。
- 不要担心孩子身处多语言的环境,这会对孩子语言发育有好处。
- 不要拿自己的孩子与别人的孩子相比较。
- 为孩子创造语言发育的良好环境。

本能对孩子人格建构的影响

什么是人格

从十多年前接触到"人格"一词，就开始思考"人格"到底是什么。也看过各类关于"人格"的解释，总觉得太学术，太高深，太不容易与"人"联系在一起，更不容易与"教育"联系在一起。在多年思考"人"与"教育"的关系之后，我对"人格"与"教育"之间的关系有了自己的理解。

把个体生命展开为一张白纸，在这张白纸上画出许多小格，每一个小格里装入一种品质，每个小格子里的品质综合起来，就是个体的人格品质，这些品质形成了个体的基本气质。如表1所示：

表1 人格示意

诚实	自立	自信	善良	独立	自主
自尊	积极	专注力	意志力	勇气	创造力
协调能力	思维模式	合作力	语言能力	文字能力	逻辑能力
数理能力	运动能力	人际交往	自我管理	羞耻感	虚伪
无能	自卑	丑恶	依赖	懦弱	消极
成就感	其他……				

父母在教养孩子的过程中，会将某些品质注入孩子的生命中，让孩子具

备相应的人品和气质，这个过程就是人格建构（人格教育）的过程。比如，父母在养育孩子中，把诚实、善良、合作能力、独立、自信、自我管理能力等品质注入了孩子生命的格子里，孩子的生命就具备了这些品质，在孩子个人气质中，就会显现出这些品质，如表2所示。

表2　某一个体的人格示意

诚实	自立	**自信**	**善良**	独立	自主
自尊	积极	专注力	意志力	勇气	创造力
协调能力	思维模式	**合作能力**	语言能力	文字能力	逻辑能力
数理能力	运动能力	人际能力	**自我管理**	羞耻感	虚伪
无能感	自卑	应变能力	依赖	懦弱	消极
成就感			其他……		

吃喝拉撒中的人格建构

孩子的吃喝拉撒如何与人格建构联系在一起呢？我们用孩子吃饭这个行为来解读。

如果一个孩子从1岁开始独立自主地吃饭，孩子的人生格子中会被填入怎样的品质呢？我们来看：孩子自主决定用餐的量，吃自己喜欢的菜，发展了孩子的自主性，还获得了独立意识的发展；从不能够准确地将食物喂进嘴里，到能够顺利地吃饭喝汤，孩子发展了身体协调能力，获得了成就感，产生了自信，同时成就感还让孩子获得高级精神愉悦；孩子独立吃饭时力所能及地照顾自己生活的行为，发展了自立能力；孩子专注地进餐，享受美食的味道，发展了专注力；吃饭动作不协调时，也不会被成人贬低和指责，保护了孩子的自尊；孩子自我掌控饥饿和饱足，获得了自我管理能力发展。当孩子获得了上述品质，他就会是一个充满积极能量的孩子，如表3所示。

表3　独立吃饭带来的人格建构示意

诚实	自立	自信	善良	独立	自主
自尊	积极	专注力	意志力	勇气	创造力
协调能力	思维模式	合作力	语言能力	文字能力	逻辑能力
数理能力	运动能力	人际交往	自我管理	羞耻感	虚伪
无能	自卑	丑恶	依赖	懦弱	消极
成就感	其他……				

孩子独立吃饭，除了获得上述人格的建构和发展，孩子还获得了手眼配合、手臂大小肌肉的运动和协调、手指肌肉的力量协调等生理的发展，这些生理发展是孩子生命内在的发展，直接影响到了孩子生命本身的质量。

如果一个孩子从小被喂饭，孩子的人生格子中会被填入怎么的品质呢？我们来看：孩子因为各种原因被剥夺自主吃饭的权利，由此产生自卑；孩子感觉吃饭这件事情自己无法做好，由此产生无能感；力所能及的生活技能被他人替代，由此产生依赖心理；孩子认为吃饭是一件自己无法做主的事情，产生消极感；曾经数次反抗喂饭者，希望夺回自主吃饭的权利，但总是失败，产生习得性无助感，导致孩子懦弱性格。孩子还失去了通过自主吃饭获得以下发展的契机：手眼配合、手臂大小肌肉的运动和协调、手指肌肉的力量协调等生理的发展，如表4所示。

表4　被喂饭的孩子人格发展示意

诚实	自立	自信	善良	独立	自主
自尊	积极	专注力	意志力	勇气	创造力
协调能力	思维模式	合作力	语言能力	文字能力	逻辑能力
数理能力	运动能力	人际交往	自我管理	羞耻感	虚伪
无能感	自卑	丑恶	依赖	懦弱	消极
成就感	其他……				

在孩子的吃喝拉撒中，如果成人养育孩子的方法是科学的，尊重了孩子的生命发展规律，孩子的人生格子中就会填充正向积极的品质，否则，孩子的人格发展就会出现问题。

看到这儿，读者或许会说："我小时候也是被喂饭，我现在的自主性也不错啊！"我们在这儿所讲到的人格发展，局限于吃喝拉撒，被喂饭而耽误了的自主性发展，或许通过你的其他生活细节被弥补了，比如：父母让你自由地画画，在画画中你获得了自主性的发展。由此，我们需要明白几点：

第一，父母总会犯下一些错误，这些错误会伤害到孩子的人格健康发展；父母也会做很多正确的事情，帮助孩子发展健康的人格。如果父母犯下的错误远远少于正确的做法，孩子的人格发展就会健康；反之，孩子的人格发展就会不健康。

第二，父母在某个养育行为中，虽然犯下的错误少，但其犯下的错误会深深地伤害了孩子的某种品质，导致孩子留下深刻的心理阴影，影响孩子的生命质量。比如，小时候一直被把尿的孩子，在把尿中获得的不自信、缺乏自我管理意识和能力、依赖、懦弱等品质，没有在生活的其他细节中得以完全矫正，其中懦弱的品质特征在成年后表现明显。于是，当在生活中或工作中遇到问题时，懦弱的特质就会阻碍个体去解决这些问题。

Chapter 3

构建孩子自主学习的品质，
保护孩子的"工作"热情

"工作"是孩子获得生命内在发展的重要方式。

什么是孩子的工作

我在全国各地讲座过程中，每当问到来参加学习的父母"什么是孩子的工作"这个问题时，绝大多数父母都感到很茫然。在国人的观念中，工作是成年人用来挣钱的差事。其实，孩子也有工作，为了自己内在发展所进行的活动就是他们的工作。工作也被称为儿童的建设性游戏。

怎样来理解孩子的工作呢？我们用一个案例来解析吧！

一天中午，我在北京李跃儿芭学园遇到一个3岁女孩，她正在专心地将一些彩色塑料珠子穿成手链。她已经做好了一个漂亮的手链戴在了自己的手腕上，正在为妈妈做一个，准备放学后送给妈妈。这是否是孩子的一项工作呢？

具有以下特质的活动才能够成为孩子的工作：

- 目的性，指向目标。将珠子穿成手链，手链就是这项工作的目标。
- 连贯性，有开始，有结束。从开始穿珠子到手链完成，这是一个有连贯性的过程。
- 创造性，发挥孩子的想象力。将一个个散乱的珠子穿成一串，其间还有每个珠子色彩的搭配，这需要3岁女孩的想象力。
- 建设性，帮助孩子建构人格。当手链成功后，女孩会认识到自己的能力，自我认知得以建构，这是人格的基础。

3岁女孩在进行这项工作的过程中，获得了哪些内在发展呢？

第一，女孩获得了爱的能力发展。女孩在给妈妈做手链的过程中，内心充满了对妈妈的爱，通过做手链的方式来表达自己的爱。这项工作发展了女孩体验爱和表达爱的能力，使女孩获得情感上的满足。

第二，女孩的探索和发现欲望得到满足。女孩发现了珠子有孔，用一根细细的线可以穿过每一个珠子的小孔，然后做成手链，手链可以用来装饰自己。这是探索和发现的过程。

第三，女孩的创造力得以发展。把一个个不相干的珠子重新组合起来，达成自己的需要。这就是创造的过程。

第四，女孩的专注力得以保护。孩子的专注力是天生的，只要是他们喜欢的事物，他们就会专注于对这个事物的探索和研究。女孩要让自己的心力集中在工作上，使得女孩的专注力获得了保护。女孩在这个中午一直专注于做手链这件事情。

第五，女孩的意志力得到发展。完成一个手链需要女孩几天的工作时间，她坚持完成了这项工作，意志力获得了发展。

第六，女孩获得对自我效能的认知。完成做手链的工作，给孩子提供了一次认识自己能力的机会。当工作圆满完成，达成了孩子的心愿，孩子便知道能够按照自己的想法去完成某一项工作，对自我效能的良好认知能够给孩子带来内心深处的愉悦。这是孩子获得自尊和自信的基础。

第七，女孩的合作能力得以发展。女孩开始做手链的时候，因为珠子的孔非常小，不能够掌控穿孔的方式，女孩寻求老师的帮助，老师与女孩一起合作，女孩开始学习到更好的穿孔方式，体验到了寻求帮助对自己达成目标的重要性。

第八，女孩运动机能得以发展。女孩在穿珠子的过程中，手臂的肌肉和掌指肌肉的协调性、运动能力和掌控力都获得了发展。

在工作中获得发展和成就的孩子，内心就会平静愉悦。而孩子在工作中获得发展的专注力、创造力、意志力、探索能力等，正是6岁前孩子需要养成的宝贵的"学习习惯"。根据各年龄段孩子内在发展的需要，孩子在每个年龄段的工作是不同的。比如，1岁半以前的孩子最主要的工作是满足口唇探索的需要，他们见什么就啃什么，拿着任何东西都会往嘴巴里塞。随着孩子的长大，探索范围的扩展，工作越来越丰富，以满足孩子不断探索的内在发展需要。

玩电筒发现空间关系

根儿3岁以前，我们没有意识到需要为根儿准备工作材料，也没有为他在房间里准备一个工作区。在那个年代，我们完全不知道儿童工作的概念，更不清楚儿童的工作能够为孩子发展带来巨大的帮助。根儿每天大部分的时间就是读书或者看电视，其幼年早期的工作处于缺乏的状态。虽然我们没有为根儿准备工作区，但是，家庭中的一些日常用品也会成为孩子积极寻求的工作材料；当孩子内在发展的敏感期到来后，孩子会主动寻求可以帮助自己发展的材料，来满足自己内在发展的需要。

记得根儿1岁时，他在床上发现了一个手电筒，那是我们为了在夜里起床照顾他而准备的。因为没有更多的玩具，根儿就把电筒当成了玩具。他先把电池从电筒里倒出来，然后再把电池装入其中，玩得不亦乐乎；每次玩这个游戏可以长达一个小时，对这个游戏的兴趣持续了半年左右。当时，我们并不知道这个游戏中到底蕴含了怎样的意义。每次根儿玩电筒，我们就感觉到终于可以有时间休息一会儿了。于是，我们不会打扰他，只是安静地在旁边陪伴，需要我们帮助的时候，我们才帮他。

现在，我能够理解这个看似简单的动作，给根儿带来的内在发展。第一个发展是根儿对空间的认知。电池可以从电筒里进出，让根儿从具体的物质关系中认知了空间，同时还认知了空间与物体的关系——圆形的电池能够从圆形的电筒空间里进出，这是他对空间与物质关系的早期认知。第二个发展是他的专注力。1岁左右的孩子，专注于一件事情的时间一般是10～15分钟，但根儿可以长达1小时，这是难能可贵的。第三个发展是大脑与手、眼协调的能力。刚开始将电池装入电筒中时，根儿不能顺利完成，电池总是无法准确地塞进去，在多次重复这个动作后，终于可以成功地将电池装入，这是大脑与手、眼协调后的结果。第四个发展是成就感与自信心。只有经过努力达到目标，孩子才清楚地知道自己的能力，就此对自己有信心，达成目标后让孩子获得成就感。

给予根儿安静自由探索的空间和时间，弥补了我当初的无知。现在我才明白，无论我们是否懂得育儿的知识，只要我们跟随孩子的步伐，在保证孩子安全的情况下，不对孩子进行太多的干预，就是对孩子最大的帮助。

积木给孩子带来的内在发展

直到根儿4岁，我们搬了新家，房子更加宽敞，根儿才有了自己的房间。在他房间的阳台上，我们专门辟出一块工作区：这里摆放着他的所有玩具，他可以坐在地板上玩。我们允许他在自己的房间里随意张贴他喜欢的图片，给予他对这个房间自由掌控的权利。至今，房间的墙上和门上都贴着他幼时喜欢的贴画，我们一直保留着。

根儿在这个房间里有了自由，每天从幼儿园回到家里，他都喜欢待在自己的房间里，搭建积木、做手工、做拼图游戏等。他特别喜欢动手，这个时候我们也不会打搅他。孟爸做得最好的一点就是时常为根儿买回一个木质的立体拼图，让根儿动手完成，他会拼出动物、汽车、飞机、房子等。我们视这些作品为艺术品，摆放在家里的每一个角落。现在我才明白，在这样宽松的环境下，根儿开始修复曾经缺失了的内在发展。

我以根儿搭建积木这件事来说明工作对孩子内在发展的重要性。

内在发展之一：统筹能力。在根儿搭建积木这个工作中，先要确定目标——搭建一个什么东西，接下来是准备各种形状的积木，然后实施计划，最后获得成功。整个项目的统筹是一个人将来管理自己学业和工作的基础能力。

内在发展之二：判断能力、观察能力和修正能力。在使用每一个积木时，根儿必须根据积木的形状、目标整体要求、前一个基础搭建、下一个积木的选择等，来观察和判断对这块积木的使用是否准确；如果不准确，需要更换，修正自己的设计。

内在发展之三：手眼的协调能力、大臂与小臂的协调能力、手指掌控积木的能力。这些能力需要经过工作来达成。

内在发展之四：专注力和成就感得到发展。专注力成为根儿学业优秀的基础，每一次的成功让他发现了自己的能力；这是自信的基础。

内在发展之五：创造能力。用同样的积木，根儿变换造型，做出了各种不同的动物形象，不同风格的建筑形状。

生命本能需要的发展就是内在发展。人类进化了上万年，已经将一个人生存的必备能力储存在生命之中。在童年的时候，成人要给予孩子条件，让他们将储存在生命体内的能力发展出来，完成一件事情的统筹能力、判断能力、观察能力、手眼协调能力、大小臂间的协调能力等，这些就是蕴藏在孩子生命中的内在发展。

孩子只有在工作中才能够获得内在发展的机会。根儿在3岁前没有获得足够的工作机会，他喜欢阅读，但阅读不能够给他带来上述能力的全面发展。根儿的工作和阅读没有平衡。4岁以后，当我们在无意识中为他准备了自由的空间，他需要什么玩具孟爸都会尽力满足他，为他提供更多的工作材料；由此，他被阻碍的内在发展开始修复。生命中任何被阻碍了的发展都有机会获得修复，年龄越小，修复的能力就越强，修复的效果也会越好。幸运的是，我们当初给了根儿这个自由的时间和空间，他获得了全面的修复。

迷上飞机模型和四驱车

根儿5岁多的时候开始迷上了更为精细的工作。根儿喜欢上了拼装飞机模型，最喜欢的是米格战斗机。孟爸常常带根儿买回兵器杂志和飞机模型零件，父子一起研究各种型号的战斗机，一起将零件组合起来，完成飞机模型的拼装。每周，根儿都会完成2~3个飞机模型的拼装。

在阅读飞机模型杂志的过程中，根儿开始认识一些专业词汇。一次，根儿问孟爸"马赫"是什么意思，孟爸一时回答不上来。那个时代我们还没有电脑，孟爸就在家里查字典和词典，但没有找到答案。第二天，孟爸专程到新华书店查阅了很多书后，才找到"马赫"的解释。马赫是音速，是以奥地利物理学家马赫（1836—1916年）的名字来命名的，定义为物体速度与音速的比值，一般是用于表示飞行器速度，1马赫等于1 225千米/小时。孟爸把查询到的结果告诉了根儿。孟爸对根儿提出的任何问题都非常认真，从来不会敷衍了事。这样的身教让根儿传承了认真治学的态度；至今，只要根儿有不明白的知识，他都会认真查阅资料求证答案。

根儿7岁左右时，迷上了四驱车。这可能是男孩的本能。他兴奋地将买回来的四驱车零配件包打开，按照装配图指导拼装成型。根儿剪下各种四驱车的图，张贴在他的床头。

在离我们家不远处有一家四驱车小店，店里有一个搭建好的四驱车跑道，每天有很多小孩拿着自己的四驱车到小店和小朋友比赛。根儿每天下午放学后都要去那家小店玩。当时学校不给一年级的孩子布置作业，所以，根儿从下午3点半以后都是可以自由玩耍的时间。根儿开始只是买回拼装好的四驱车，后来，他要求买零件回家自己拼装，得到了孟爸的支持。

在拼装四驱车的早期，根儿买回的是半成品，只需要把一些大的零件安装好，四驱车就拼装完成。根儿很快就不满足于如此简单的拼装了。他买回了各种大小零件和各种工具，用工具箱分格装好，照着图纸自己动手拼装。每天从幼儿园回到家里，他一头扎进房间，拿出工具箱开始工作，遇到困难的时候就向孟爸求助；孟爸本来就懂得机械，还做过汽车修理工，非常乐意与儿子一起研究四驱车。半年后，连根儿的四驱车马达都是自己完成的。他常常带着自己的四驱车去小店，和小朋友们赛车。他的四驱车被年轻的店主选中，被展示在小店里；他缠绕的线圈驱动马达被店主认为超过了自己的水平，店主经常让根儿帮其他小朋友缠绕线圈马达。他做的马达能够帮助小朋友的赛车速度不断升级，这让根儿异常得意。父子俩还买了一个立体车道架在家里，看着四驱车在轨道上跑着，开心极了。

现在我才明白拼装飞机模型和四驱车给根儿带来的内在发展。在完成了搭积木、做木质立体拼图这些大动作的工作后，根儿的修复进入了精细动作的发展阶段。拼装飞机模型和四驱车时使用的那些只有米粒大小的螺丝、牙签一样细小的工具，用铜丝整齐地缠绕指甲盖大小的马达等这些精细的工作过程，让根儿的精细动作、掌指关节、指尖肌肉的力量、手指间的协调配合、精细的手眼配合等能力得到了发展，同时得到发展的还有他的耐心、细心和意志力。在一边研究图纸一边动手操作的过程中，根儿手脑并用，大脑细胞被充分激活，智力得到了发展。迷上飞机模型和四驱车几年，我们一如既往地支持他；这也得益于孟爸的观念，他认为男孩子就应该玩"车"、玩"飞机"。

9岁以后，我们离开昆明来到成都。根儿很少玩四驱车了，放假回到昆明，他也不再去小店，似乎失去了兴趣。他的工具箱里还有很多零件，我有时会觉得他浪费，为什么不继续呢？我认为他应该继续四驱车的拼装，但孟爸说："根儿不愿意玩，为什么要逼他玩呢？儿子的快乐才是最重要的嘛！"现在我才明白，那些零件的使命是来帮助根儿修复内在发展的。现在，根儿的修复完成了，零件的使命也就结束了。至今，我仍然保留着根儿的工具箱，工具箱里还保留着他缠绕的马达，马达上的铜线非常规整，让我们都不敢相信这是8岁的根儿亲手完成的。

在家里，给孩子一个自由的空间，为他建立一个工作区，为孩子喜爱的工作准备丰富的工作材料，给孩子自由而充足的时间，这是我们在家庭中可以完成的早教。这样的早教给孩子带来的内在发展，是任何早教机构的教学都不能替代的。我们的做法也弥补了根儿在传统幼儿园工作量的不足。我非常庆幸那个年代里我和孟爸坚持让根儿玩耍，没有让根儿写字背单词做计算题，在他被耽误之后依然赢得了修复的机会。

合理利用看电视来培养孩子的专注力

根儿在认真工作的状态中，专注力得到了极大发展，养成了他做任何事情都非常专注的品质。那个时候，我们没有对他看电视节目有过多的限制，每天到了他喜欢的动画或者英语节目时间，他会专注地看电视节目；节目一结束，他就会离开电视，马上投入自己喜欢的工作中。由于他有自己喜欢的事情做，所以，他不会沉溺在电视节目中。同时，我们对他的电视时间也控制在每天1小时，他可以自由选择自己喜欢的节目。

记得有一个周末，我们到根儿奶奶家里玩，7岁多的根儿带上了自己的作业。下午，根儿在客厅里做着作业，当他喜欢的电视节目开始后，他马上停下作业开始看节目；半小时后，节目结束了，根儿立即转身继续做作业。我们把电视频道转到了我们喜欢的节目上，没有刻意调小音量；客厅里，我们继续看电视，根儿就坐在那里做作业，直到作业完成，他都没有转过身子看电视一眼。根儿的大伯感叹道："根儿的自我管理能力太强了，他清楚地知道自己该干什么，不会受到周围环境的影响！"我很庆幸当初选择了给予根儿看电视的权利，同时又在时间上有所限制，让根儿在这个过程中学会了自我管理和自我控制。

现在，有一些父母不让孩子看电视，这样反而使孩子对电视节目异常向往，人为地制造了孩子对于电视的饥渴感。我一直认为，孩子生活在每天都能够接触到电视的时代，电视中的节目对于孩子有着无穷的吸引力；如果我们现在完全不让孩子看电视，孩子看电视的欲望被成人强大的控制力暂时压制，一旦成人失去对孩子的控制，那么，当孩子获得看电视的机会，他就会失去自控。对于孩子看电视的问题，我认为只要父母培养好孩子遵守规则的品质，定下给孩子看电视的时间，每天不要超过1小时，就可以满足孩子对电视节目的向往。在执行规则的时候，对于电视中偶尔出现的特别节目，给予孩子特别的政策，满足孩子对某一个节目的喜爱；当然，这样的临时政策不宜太多。记得我上中学的时候，家里有电视，但父母对我的限制非常多，只能够在周末看电视。一次，有一个芭蕾舞的表演在电视直播，我非常想看，与父母商量后没有得到许可。晚上，节目开始了，我坐在书桌前，面前放着我的作业，可是我的心一直在想着芭蕾舞，情绪陷入对父母的怨恨中，根本无法做作业。来到窗户前，突然发现对面人家的房间里电视在播放芭蕾舞，我便坚定地告诉自己：今晚坚决不做作业，即使对面房间的电视我看得不太清楚，我也要趴在窗户上看！

一些孩子由于6岁前缺乏专注的工作机会——家庭没有给予孩子工作的空间和时间，不为孩子提供丰富的工作材料，孩子的工作总是被成人不停地打断，那么，孩子完成一件事情的持续专注力很难养成。一些老人在照顾孩子的时候，对孩子的控制太多，他们更愿意孩子乖乖地坐着看电视，这样的孩子不会工作，也不愿意工作，除了看电视的时候能够安静专注，其他时间都很难静下心来，这样的孩子容易沉溺于电视。

在养育孩子时，我们要满足孩子工作的愿望，这会给孩子带来内在的发展；我们要给予孩子看电视一定的时间限制，为孩子的工作提供时间和空间。我们需要为孩子提供生活的各个方面，让孩子的生活和愿望达成一个平衡，给孩子带来全方位的能力发展。

工作锻炼了孩子的意志力

朋友的孩子上初三，面临中考，成绩却一路下滑。父母历数孩子的问题："做作业不认真，考试粗心，作业中的错误反复犯，老师和父母都认为他不认真，他还要狡辩！"孩子却觉得自己很冤枉："我很认真地做了作业呀，考试为什么会反复犯同一个错误，我怎么知道这是怎么回事呢？"

获得好的生存环境是人类的本能。没有哪个孩子不想让父母和老师满意，但是，当孩子的人格建构出现了缺失，就会面临着没有心力来支撑自己做好，表现为心力（意志力）缺乏。现实中有很多这样的孩子，他们知道自己应该做好作业，但他们就是没有心力去克服学业上的困难。现实中也存在这样的父母，他们明知应该怎样做才是对孩子最好的帮助，但是，他们就是做不到。缺乏心力意味着：我们想做到最好，也能够做到最好，但是内心没有力量来支撑。

每个人在完成一件事情的过程中，都需要意志力。人类的意志力是从幼儿阶段的工作中发展起来的能力。幼儿无限热爱工作，他们不知疲倦地搭建积木、修建沙堡、做厨艺、拼装四驱车……在享受着精神愉悦的玩耍中，坚持达成自己的目标，这就是意志力建构的初级过程。这是上天给孩子安排好的发展"程序"，这些在成人看来微不足道的"玩耍"，却是为孩子将来认真完成作业、认真考试、认真做成一件事情打下的意志力基础。

趋利避害是人类进化保留下来的生存法则，人类的天性就是"贪图享受"。工作能够给孩子带来极大的内心满足时，孩子就会不遗余力地贪图这样的精神享受；于是，便有了孩子的"坚持做到底"，这种"坚持"就是我们所说的意志力。在孩子心智没有成熟之前，要想培养孩子的意志力，就要让他做他喜欢的事情。喜欢是持久的基础。无论在旁人看来这件事情多么复杂、困难，对于喜欢这件事情的孩子来说，困难是挑战，会给他带来满足感；复杂是展现自己智慧的机会，会激发孩子的创造欲望……这个过程让孩子享受到了人类的高级精神愉悦——发现自己！这样高级的精神享受是孩子意志力炼成的原始动力。

我们错误地认为，要培养孩子的意志力，就要让孩子去做他们不愿意做或者很难做到的事情，用以锻炼孩子战胜困难的决心和毅力。这样来对待心智尚未发育成熟的孩子是违背了人性发展规律的，也是违背大自然规律的。目前，在很多的幼儿园里，孩子们正在被成人违背自然规律地教育着，孩子们缺乏工作材料和机会，错过了工作带来的内在发展契机，他们被安排写字、背书、做算数题、背英语单词，而我们却美其名曰："这是为了孩子的将来！"孩子们生活在看不见摸不着的将来，悬挂在看得见摸得着的现实空中，他们的意志力就这样被成人的浮躁一而再、再而三地错过了发展的机会，成为他们生命中的缺失！

一位妈妈问我："我的女儿今年2岁3个月了，对于她感兴趣的事情确实能投入热情，但是一遇到困难就容易退缩，觉得自己做不好。我不知道，作为父母，在这方面应该如何引导呢？"

当孩子在工作中遇到了困难，向父母求助，父母要积极响应，引领帮助孩子把工作完成，达成孩子的目标。孩子从中获得的是成就感和对父母的信任。一旦获得成就感，孩子就会不断寻求这种精神享受，他们会不断挑战难度更高的工作，并努力达到目标。孩子的能力、自信、自尊等都将得到发展。

一些父母认为，在孩子遇到困难时，不积极回应孩子的求助信息，而是让孩子自己克服困难，他们认为这样可以培养孩子克服困难的意志力和勇气。对于幼儿来说，他们还不具备克服困难的能力，父母的拒绝只会让他们沮丧，对父母失去信任，内心产生自卑。为了回避失败，他们会逃避工作，从而失去工作带来的内在发展契机。

　　一些父母面对孩子的求助，不伸手援助，他们认为要让孩子挣扎在反复的失败中，孩子才可能获得成功。对于心智尚未发育健全的幼儿来说，这样的方式不可取。他们经历反复的失败后，内心没有获得工作带来的精神愉悦，失去了坚持下去的心理动力，最终就会放弃目标。

工作缺乏带来的后遗症

在我接触到的大量家庭中,父母不懂得孩子的工作对孩子发展的重要影响,家里没有孩子的工作区,父母没有为孩子提供足够的工作材料,孩子因为工作弄脏了房间还会被家人训斥。孩子进入幼儿园后,大多数幼儿园秉承着旧的传统教养模式,每天给孩子安排文化学习,孩子依然得不到足够的工作。由此,孩子在6岁前需要通过工作而获得发展的专注力、创造力、手眼协调能力、手臂和指掌活动协调能力,指尖小肌肉活动协调能力,等等,这些内在发展没有得到充分满足。进入小学后,孩子会出现明显的工作不足引起的后遗症。最常见的后遗症就是上课做小动作,撕扯衣服角,不停地玩笔或其他物品,无法专注老师的讲课,不能持续完成作业等。

我们来看一个案例。

我的儿子上小学一年级。他上课爱说话,小动作多,经常在上课的时候站起来,还去摸其他小朋友的头,不爱写作业,老师讲课也不听;这些毛病从上幼儿园就有了。我和老师经常给他讲道理,他也知道自己犯了错,可就是不改。老师建议孩子回家静心,我提议老师如果孩子上课调皮就直接让他去操场跑几圈,现在,我们给他设了一个反思角,让他在规定时间内反思,再问他错在哪里。可是他每天还是和往常一样,没有什么改变。老师总说孩子聪明,就是毛病太多,我该怎么办呢?

如果当初孩子所在的幼儿园里有丰富的工作区供他们自由选择，这个孩子就一定能够找到自己喜欢的工作；他将在这样的工作中发展出专注力、意志力和创造力，能够静心做一件事情，身体的能量也有了一个正常宣泄的渠道，手也会在工作中"动够了"。在孩子来到这个世界后，我们用6年的时间来让孩子的专注力、意志力和创造力得到建构和发展，然后，再将他们送入小学学习，他们就能够在课堂里正常听课，不再有频繁的小动作，能够有意志力坚持完成作业，能够在克服困难中获得成就感。

现在，孩子尚未建构好这一切，就被送入小学学习，招致老师和家长的不断说教和惩罚。孩子需要的帮助是为他提供足够的空间和时间，为他喜欢动手做的事情提供丰富的材料，引导他能够安静地把一件工作完成，在其中获得心灵的愉悦。在这个基础上，帮助孩子学习遵守群体规则。这些本该在孩子6岁前能够顺其自然完成的发展，现在要重新补救，需要父母付出更多的代价。

为什么孩子要在6岁后上学，这是根据儿童发展的规律确定的。6岁前的孩子需要完成内在发展，为6岁后顺利地完成学业奠定生理和心理基础。现在，这个孩子的父母和老师给予他的帮助只有空洞的说教，这样的方式对于孩子没有任何帮助，只会让孩子自卑自贬，形成低自尊人格。

对于案例中的这个孩子，我的建议是：如果孩子才6岁，父母也有条件陪伴孩子，可以让孩子休学一年，给孩子提供他喜欢的工作空间和材料，重建孩子的专注力、意志力和其他内在发展；如果父母不具备陪伴孩子的条件，尽量帮助孩子减少学业压力，多为孩子提供工作的时间和空间。然而，我们心里要清楚地知道，当孩子错过了内在发展的时机（关键期），修复是极其困难的。

工作与阅读给孩子带来不同的发展

一位妈妈给我来信，她认为，阅读也是培养心力的好方法——让孩子专心地沉浸在自己喜欢的事物中就好，动手工作也好，读书也好，只要孩子自己喜欢，它们的效果是相同的。

我认为，工作是孩子亲身经历的过程，给孩子带来生命内在发展，而阅读是孩子在别人的文字中获得经验和影响，这是两者的本质区别，给孩子带来的发展也有本质上的不同。根据儿童时期的感性思维发展特点，工作更符合儿童的感性思维。随着年龄增加，从感性思维为主导逐渐过渡到感性思维与理性思维并存，阅读给孩子带来的生命影响作用逐渐增加。但是，在孩子生命早期，工作给孩子带来的生命内在发展一定比阅读带来的发展多而且重要。

现在，我们来对比一下，工作和阅读给孩子带来的发展究竟有哪些不同之处，如表5所示。

表5 工作和阅读给孩子带来的发展对比

发展项目	工作	阅读	说明
获得经验的模式	在自己亲历的行为和思考中获得经验，由内向外的模式	从他人的文字中感受外在经验，由外向内的模式	人类获得经验的模式有两种，一种是由生命内部发生，一种是由外界传递给生命。根据儿童发展理论，10岁前儿童以感性思维为特征，直接经验获得为主；10岁后儿童理性思维发展起来，直接经验与间接经验并存
经验类型	直接经验	间接经验	
符合儿童感性思维发展特点	符合	不符合	
生命内在发展	++++	+	年龄越小，工作为儿童带来的生命发展越丰富
创造力呈现	++++	+	创造力和想象力通过动手制造作品来呈现，而阅读无须动手，所以无作品来呈现创造力，但可以培养想象力
动手能力	++++	−	
想象力	++++	++++	
大脑与手的协调能力	++++	+	工作更多涉及大脑与手的协调
成就感	++++	+	工作成果给孩子带来成就感
意志力	++++	+	工作会面临困境和失败，孩子获得克服困难和解决问题的教机，获得意志力锻炼。而阅读的过程是精神享受为主
克服困难能力	++++	+	
解决问题能力	++++	+	
语言能力发展	++++	++++	对工作的描述语言发生于孩子生命内部，阅读获得的语言影响来自生命外部
文字能力发展	+	++++	
合作能力	++++	+	工作有更多机会实现孩子与他人合作。阅读几乎是个人化的行为
对个人价值观的影响	++++	++++	工作获得的价值观来自孩子自身体验，阅读获得的价值观来自外界影响。随着孩子理性思维发展，阅读对孩子价值观的影响逐渐增加

这样的比较并非说明阅读不重要，工作和阅读的关系要跟随孩子的年龄进行调整。孩子年龄越小，越应该重视孩子的工作，让孩子有足够的机会和时间获得生命内在的发展。随着孩子年龄的增加，理性思维的发展，适当增加阅读的时间和阅读量，帮助孩子扩展视野，工作与阅读相得益彰。总之，对孩子工作和阅读的安排要适合孩子的发展规律。

很多父母非常重视孩子的阅读培养，不懂得工作给孩子带来的内在发展，他们给孩子提供丰富的阅读空间和时间，而忽略了给孩子工作的时间和空间。我在北京李跃儿芭学园研究儿童性发展期间，接触到了阅读太多而缺乏工作的孩子。与那些从小就有充足工作的孩子相比较，这些在书堆里长大的孩子，讲起道理来一套又一套，说话的时候常常冒出书面语言；而在幼儿园里，一旦动手工作便不能够进入状态：他们不会工作，为了不让别人发现自己不会工作，他们会在别人工作的时候指手画脚，显示自己从书里获得的知识，或者故意破坏他人的工作。这样的孩子需要在老师耐心而科学的帮助下，经过一两年的时间来修复，才能够学会独立工作，学会在工作中与他人协作。那些没有获得修复机会的孩子，在他们进入小学后，会出现完成作业困难、上课不能够专心听讲、做事拖沓等问题。

Chapter 4

感知孩子与身边事物的连接，
鼓励孩子探索世界的热情

孩子来到这个世界的第一天,就对世界充满了好奇,他们主动用眼睛看,用耳朵听,用皮肤去感觉,用大脑去思考。孩子的这些本能与生俱来,保护孩子的探索精神是我们应尽的天职。

探索开关与电灯泡的关系

根儿在8个月大的时候，发现了电灯开关可以控制灯泡的明灭，于是，他开始尝试按动电灯开关。根儿在用手按动开关按钮的同时，眼睛紧盯着灯泡，探究开关与灯泡发出光亮的关系，就这样不停地开关电灯，每次观察都长达1～2小时。根儿对这个探究充满了热情，这个兴趣持续了半年之久。

那个时候，根儿站不稳，开关的位置对他来说太高，每当他要探索开关和电灯泡的关系时，我和根儿的外公外婆总是轮流抱着他，满足他的观察和探索欲望。有的时候，根儿晚上来了兴致，从午夜按开关到凌晨2点，我们会安静地陪着他按动开关，不担心电灯是否会被弄坏，直到他满足才罢休。当时我们只是想到反正根儿夜里不睡觉，他喜欢干什么就让他干吧！现在我明白了，满足孩子对一个事物的好奇心，成人的耐心陪伴和支持，是保护孩子观察和探索能力的重要条件。

对于很多父母不理解我们为什么要这么"惯"着孩子，甚至认为孩子这样反复开关电灯，会将电灯搞坏啊！根儿在那个时候，每天白天睡觉，夜里玩耍，作息时间黑白颠倒，用过很多方法都无法让根儿像常人那样作息，我们索性由着他了；另一个方面，根儿不停地探索开关与电灯的关系，这一点我从内心是支持的，从来没有想过电灯弄坏的损失；即使当初想到了，也会算一笔账：一只电灯与根儿的探究精神谁更重要，自然是选择后者了。

翠湖公园的花香

根儿4岁多的时候，我们居住在昆明。有一天我带他到翠湖公园游玩，翠湖公园正在举办花展，摆满了各色各样的鲜花。我们走在公园里，我在想着自己的心事，根儿兴趣盎然地观察各种花的颜色，每一种花他都会用鼻子去嗅闻香味，然后告诉我他的发现。当时不懂教育的我只是"嗯嗯啊啊"地应付着。

来到一盆紫色的碎花面前，根儿俯下身体，认真地闻花的香味。他发现旁边还有一盆与紫色碎花形状一样，是粉红的；于是，俯下身体认真嗅闻，然后，他转身告诉我："妈妈，这两盆花的香味不一样。"我看了看这两盆花，说："它们是一个品种，同样的形状，只是颜色不同，我觉得香味应该是一样的啊！"根儿坚持说："不一样，就是不一样！"我决定闻一下，俯下身，果然两盆花的香味不一样。我惊诧于他的观察和判断，同时让我感叹的是，我们成人已经习惯于用经验去推理世间万物，而孩子却在用他们真实的感觉去发现这个世界，我们的感觉都已经渐渐麻木了。养育孩子的过程，是孩子再次把我们带回到感受世界的过程。

这次与根儿一同赏花的经历，让我意识到，面对根儿的探索，我不能再对他应付了事。在往后的日子里，我会认真地与他一起看、嗅、触摸，然后交流自己真实的感觉，根儿教会了我用心和他在一起。

钢琴飘出的紫色

根儿的钢琴摆放在窗户旁边。一天,9岁的根儿到了练琴的时间,他坐到琴凳上后,没有掀起琴盖,而是歪着头在看什么。我走了过去,根儿告诉我:"妈妈,钢琴飘出紫色来了!"我纳闷:"钢琴是深褐色的,怎么会飘出紫色来了呢?"朝着儿子身体偏斜的方向,我也歪着头,看了一阵,没有看到飘出来的紫色。"我没有看到紫色啊!"根儿用手指着钢琴盖的一个部位说:"就是飘出紫色了,在这个地方。"

这个时候,根儿的舅妈过来了,她是学美术的,听到我们的对话,她看了根儿指着的地方:"真的有紫色啊,我看到了!"见到我疑惑的眼神,她对我说:"大姐,根儿指着的地方,刚好是太阳照射到的地方,这个钟点的太阳光线照射到琴盖这个位置出现的折射,再与琴的颜色发生了作用,就会呈现出紫色,一般的人不会注意到这个,我也是因为懂得色彩分析才能够看到的,根儿的眼力真是太不一般了啊!"我再次认真观察,还是没有看到他俩说的紫色。或许,我当时的心境是急着让根儿进入练琴的状态,意识里觉得即使看到钢琴飘出来的紫色也没有什么意义,所以,我无法看到根儿能够看到的紫色。很多时候,成人的心已经变得粗糙,即使很多世间的奇景从我们眼前飘过,我们也无法看到了。

如果我当初懂得引领孩子,我会静下心来,直到我看到那一抹紫色,然后,请根儿的舅妈给他讲解为什么深褐色的钢琴会飘出紫色,我会和根儿一起到书店,挑选一些关于色彩的书籍,或许,这会给孩子打开看世界的另外一扇窗户。

　　根儿喜欢探索世界，享受着发现奇迹后获得的精神愉悦。根儿如此细致的观察力，得益于早年我的父母对他静心的养育。那份安静被植入了根儿的内心，让根儿沉静安宁，这样的心态一直伴随着根儿，为他后来静心攻读学业打下了基础。

探索行为与安全的平衡

一些父母和老人为了孩子的安全和卫生，限制孩子的正常探索行为。如何在满足孩子探索的同时确保孩子的安全呢？我的建议是，为孩子提供一个安全的生活环境是成长的首要条件，而在孩子出现不安全的举动时，用语言和行为提醒孩子就可以了。家长不能以安全和卫生作为借口，阻碍孩子的探索行为。

根儿2岁时喜欢探索"洞"，家里凡是有"洞"的地方，他都会把手指伸进去探查一番。在装修房子时，我们没有想到孩子会有喜欢探索小洞的阶段，把插座装在了很低的位置，根儿随意就触摸到。我们异常小心，担心他把手指伸进电源开关里。于是，我们指着墙上的电源插座，反复用语言告诫根儿："不可以把手指伸进这个小洞洞，会很危险的！你的手会很痛的！"

但是，根儿根本不明白"危险"的含义，更不理解"手会很痛"，按照他的思维：我的手在其他洞里都不痛，怎么在这个小洞里就会痛呢？他对小洞的热情，让我们防不胜防。终于有一天，我们担心的事情还是发生了。只听到根儿在房间里发出一声尖叫，我立即冲进去，就见根儿跪在地板上，哭着用一只手指着墙上的插座，一只被电击了的手指伸到我面前："妈妈，痛！痛！"我吓坏了，暗自庆幸没有发生更严重的事情。

我当即就明白了给2岁的孩子"讲道理"，他是无法理解的。作为父母，我们要用具体的行动来保护孩子的安全。我和孟爸立即将家里所有墙上的插座都用胶布封了起来，这样的环境才是对孩子安全的，才能够保护孩子。

1岁多的时候，根儿对家里的电风扇发生了兴趣。天气热的时候，我们会打开电风扇，根儿看着不停转动又能够出凉风的电扇，开始了探索。好在电扇有保护装置，根儿几次想伸手触摸转动的电扇，都被我们阻止。我们告诉他"电扇转动的时候不可以摸"，并且严格地控制他的手。当电扇停下后，我们拔掉电源，才会让根儿尽情触摸电扇，满足他对电扇的好奇。

孩子对这个世界的探究热情来自于他的生命本能，探究世界的目的是为了认知这个世界，以便能够适应这个世界，在这个世界顺利生活。由此，父母要尽一切力量为孩子提供安全的环境，满足孩子对世界的认知热情。

探索受阻的孩子

我一直从事儿童性心理发展和儿童性健康教育研究，为6～18岁的孩子讲授性健康教育课，也为家长们讲授儿童性心理发展课程。那是一次6～7岁孩子的性健康教育课堂，课堂在我的工作室里进行。课堂上，一个7岁男孩积极发表自己的见解；与其他同龄孩子相比较，他的思维活跃，表达清晰，而且知识面很广。参加课堂的孩子只有10个，他给我留下了深刻的印象。

在课间休息的时候，其他孩子在一起交流和玩耍，这个男孩却进入工作室的每一个房间，用手不停地触摸各种东西：墙上的工作室标记被他擦掉；进到厨房里把煤气开关打开，让煤气泄漏着便离开了厨房；把卫生间和厨房的水龙头全部打开，离开时也不关水龙头……他的妈妈跟在他后面不停地告诉他："不要动这个，不要开煤气……"但孩子根本不理会。我察觉到孩子的行为不符合这个年龄阶段，准备多观察后再与家长交流。第二天孩子继续来上课，课间休息后，房间里弥漫着一股煤气味，我们才发现煤气被男孩偷偷打开了。

随意打开煤气阀门，随意打开水龙头后离开，双手不停地触摸各种物件，这是2～3岁孩子的心智和行为。7岁孩子正常的心智已经具备了安全的意识，已经度过了用触觉不停地探索世界的阶段。从男孩的行为来看，他的心智停留在2～3岁孩子的水平。按照儿童心理发展规律，孩子在某一年龄阶段特定的认知发展受到阻滞，其特定的认知方式和能力就会停留在那个阶段。目前，孩子的这种行为反映出他在幼儿时期探索行为受阻。

与男孩的妈妈交流后得知，男孩从小由爷爷奶奶照顾。老人出于安全和卫生考虑，对男孩的限制特别多，不让孩子触摸家里的东西，不准许孩子玩泥巴、玩沙，不准许孩子进入厨房，吃饭也是老人喂，不让孩子自己吃。总之不让孩子动手，孩子如同被捆住了双手，这种情形持续到孩子6岁后被父母接回家里。

孩子的大部分时间是看书，因此他的知识面很广，语言发展也不错。但是由于6岁前孩子探索的欲望没有被满足，所以一旦有机会，孩子就会触摸家里的电器，电灯打开就不关，水龙头打开也不关。父母不明白孩子的手为什么闲不住，为什么总是在"干坏事儿"。于是，父亲更加严厉地限制孩子的行为，不让孩子有更多的活动，只能看书。然而，孩子生命内部的发展又促使孩子的手进行探索，这往往会招来父亲的一顿暴打。

父母不懂得孩子用触觉探索世界是孩子的生命内在发展所需，当内在发展受阻后，生命的内在力量会持续地支持这种探索行为，寻找机会获得这项内在发展的修复。于是，出现了父母越是阻止，孩子这个行为就越频繁的状态。如果父母懂得孩子触觉发展曾经受到阻碍，现在正处于修复阶段，父母就能够接纳孩子的行为，给予孩子修复的机会。帮助孩子修复期间，面对孩子的行为，父母需要把握的原则是：满足孩子探索的欲望，同时让孩子懂得安全的规则，能够按照成人的要求行事。

给父母的建议：父母要清晰地认识到，由于自己在孩子6岁前没有尽职尽责养育孩子，现在需要加倍负起养育孩子的责任，加倍陪伴孩子的时间，用加倍的精力来引导孩子。由此，父母需要拿出足够的时间、足够的耐心、足够的智慧来陪伴孩子修复。这个过程对于孩子和父母来说，都是一个异常艰难的过程。比如，父母要为孩子建构生活中的常规行为，如果孩子打开了水龙头，成人要在一旁督促孩子关闭，不要替代孩子关闭，给孩子开关水龙头的自由，想开关多少次都可以，但离开时一定要关闭水龙头。再比如，父母要为孩子建构安全的概念和行为，在孩子探索煤气阀门的时候，要告诫孩子这个阀门不可以随意开关，给孩子讲解煤气泄漏后会出现的危险，在孩子还未完全建构安全概念之前，父母要密切注意孩子接触煤气阀门。如果需要，父母可以寻求专业人士的帮助。另外，父母还要给孩子足够的时间来修复，必要时孩子可以休学一年。在这一年中，父母要像对待2~3岁孩子那样来满足孩子探索的欲望，为孩子喜欢的工作提供足够的工作材料，引领孩子完成每一件工作。具体的做法参照本书关于"工作"的内容。

这个案例告诉我们：儿童的每一个阶段的生命内在发展计划都是不可以被忽视的，生命内在发展计划的顽强让这个7岁的孩子还在寻找机会，尝试弥补之前的发展缺失！孩子不正常的行为就是给我们成人的信号——我需要获得帮助！行为越是反常，孩子的信号就越强。

孩子就像一个外星人，带着自己的发展计划和发展任务来到这个世界。他们在6岁前，最重要的任务就是按照生命内在计划发展出自己各项能力的根基，并且获得安全的感觉。于是，他们仰仗着把自己带到这个世界的爸爸妈妈，希望爸爸妈妈能够好好陪伴自己，懂得自己生命的发展计划，帮助自己完成发展任务。这就是孩子给我们提出的要求，我们能够做到吗？

Chapter 5

尊重孩子的好奇心,保护孩子独立思考的能力

拥有了独立思考能力，才有了个人精神的独立存在。这是人类生命价值存在的意义。

"地球的重量用什么来称？"

我经常带根儿到商场和菜市场购物。4岁时，根儿发现购物的过程中，会用秤来称购买物的重量。一天，我们正在进行睡前阅读，根儿突然问我："妈妈，我们去买东西的时候，都会用秤来称重量，每个东西都是有重量的，对吧？"我回应道："是啊，因为地球对这些东西有吸引力，所以就会产生重量。"根儿继续认真地问："什么东西都有重量，也可以称出重量，地球也有重量，那地球的重量用什么来称呢？"在根儿4岁左右时，孟爸就买了一个地球仪给他玩，所以他对地球有一个物质和形状的概念。根儿提出的问题中潜在的逻辑能力让我惊叹，这个问题我都不曾思考过，自然无法解答，但我还是认真地回答："等妈妈去查一下，看看书里能不能找到这个问题的答案。"

一年以后，根儿已经5岁多了，我在一本书里还真的找到了这个问题的答案。这本书的书名我不记得了，只记得这本书讲述了一百位世界杰出的科学家的故事，这些科学家中有我们熟悉的牛顿、爱因斯坦、居里夫人。买回这本书是准备每天给根儿讲述一个科学家的故事，在提前翻看时，我居然发现其中有一位科学家（卡文迪许）专门研究了根儿提出的这个问题，最后他给出了计算地球质量的具体方法。我兴奋地告诉根儿："你一年前提出的问题，现在妈妈终于找到答案了！"我将书里的这篇内容读给根儿听，虽然那些计算公式和科学术语他并不懂，但他却非常认真地全部听完。我想给根儿传达的信息是：你思考的问题是有价值的。每个人都可以像这位科学家一样提出问题，然后进行研究，最后得到解决问题的实际方法。

"现在的猴子为什么不能够变成人？"

我们的家在昆明的翠湖边，离昆明圆通山动物园不远，从根儿2岁多我们就经常带他到动物园游玩。每次到了大象区和猴山时，他都会要求多停留一会儿。根儿对大象情有独钟，坚定地把自己比喻为大象，还给自己的名字前加上了"大象"的前缀。每当有朋友问他叫什么名字时，他都会一本正经地告诉人家："我的名字叫大象，加一个点，孟小咪，大象·孟小咪。"外婆给根儿取的小名是"小咪"。我们至今无法理解根儿为什么非要把自己的名字弄成这样，从来没有人告诉过他名字中间可以加一个点。

根儿6岁时，我带着他到北京游玩。我们来到中国自然博物馆参观时，根儿看到了一组从猿到人的骨架模型，他让我讲解了标牌上面的文字，然后陷入沉思。离开自然博物馆时，他又去看了那组模型，然后问我："妈妈，你刚才说人是从猿猴变来的，对吧？"我说是的。"妈妈，现在动物园的猴子为什么不会变成人呢？"我顿时哑然，但内心狂喜根儿的质疑能力。是啊，我们活了几十年，每天重复着他人告诉我们的结论，没有独立思考，也就不可能有这样的质疑。我回应道："哦，这个问题妈妈没有想过，你提出了一个非常高级的问题，我们回去查资料吧！"

那个年代还没有普及电脑和网络，我只有到书店寻找能够解答这个问题的书，可惜没找到。这个问题一直搁置在我的心里，我希望有一天能够找到一个权威的答案，为根儿解惑。一天，我在看书的时候，突然看到关于这个问题的讨论：那是一所美国的知名大学，课堂上，学生们向教授提出了一个问题："现在的猴子为什么不会变成人？"我当时惊叹：天啊！6岁的根儿提出的问题居然是美国知名学府里学生与教授探讨的问题！我把书里的内容讲给了根儿听。书里对这个问题也只是探讨，没有结论。我认真地告诉根儿："这是科学家们还在研究的问题，将来你可以到美国这所大学里去寻找研究这个问题的教授，和他一起探讨这个问题。或许，你将来也会成为研究这个问题的科学家。"我希望给根儿传达的信息是：将来，你可以为自己的探索和研究走遍世界，找到志同道合的人一起，做自己喜欢的事情！

至今我也没有找到关于这个问题的权威解答。现在，一些科学家和人类学家提出了新的观点：人是从鱼进化而来。人类到底是怎么出现在这个地球上的，还在继续研究之中。

对"地球毁灭"的思考和论证

　　根儿对科普读物一直非常喜欢，有些科普杂志他每月都会买来看。一天，根儿在一个书摊上看到一本《大科技》杂志，杂志上有一篇关于地球毁灭的文章引起了他极大的兴趣，我立即买下。回到家里，根儿认真阅读了这篇文章后，他有些激动地发表了对这篇文章的看法。我认真地听着，看到他眼睛里满溢的激情，对他说："儿子，把你想说的东西写出来吧！可以当作你的一篇假期作业了啊！"当时是假期，老师布置的假期作业有5篇作文。根儿怀疑地问："这样的文章可以作为作文交给老师吗？"我回应："当然可以啊！作文就是用来表达自己的感受和观点的，你对地球毁灭这个问题有了自己的观点，写出来就是一篇最好的作文。写吧，儿子！"根儿犹豫着："我们的作文都写那种无聊的东西，都是我瞎编的套话，老师喜欢那种作文，我写这篇文章不算假期作业怎么办？"我坚定地告诉根儿："你今天写的这篇作文才是真正的好作文，每次假期作业老师都不会认真看的，你只要有5篇作文上交，数量够了老师就不会找你麻烦。你想想，哪一次假期作业老师认真批改过？相信妈妈吧！"

　　根儿不再犹豫了，很快就完成了《地球可能受到的灭顶之灾》的写作。写完后根儿给我看，我内心非常激动，叮嘱根儿："这篇作文老师批改后，一定要记得带回家，我要保存起来！"我一直保存着有这篇作文的假期作业本。后来，这篇作文在根儿报考深圳国际交流学院（深国交）时，起到了重要的作用。关于这一点将在后面的章节中讲解。

完成这篇文章的时间是2006年1月,根儿刚上初中一年级,当时还没有物理课。因为对物理的兴趣,他常常看物理书,这篇文章涉及了数学、物理、天文学等知识。以下是这篇作文的全部内容。

地球可能受到的灭顶之灾

今天我读了《被太阳施以车裂之刑》这篇文章。文章首先讲述了1994年7月17日至24日,由21块碎片组成的彗星群,以每秒60千米的速度冲向木星,不久便彻底消失了。

这个彗星群原本是"苏梅尔——列维号"彗星,1992年7月7日进入了木星的引力禁区——其神圣不可侵犯的洛希极限,便被撕成了碎片,逃了出去。1994年7月17日至24日,当这些碎片再次进入木星的洛希极限,被木星强大的力量粉碎成了尘埃。

"洛希极限"是法国天文学家洛希提出的概念,对于一颗具有几何形状的星球来说,另一个星球对它的引力是不均匀的,面向那个星球受到的引力较大,背对它的面受到的引力较小,两个引力差成为"潮汐力"。洛希极限是一颗星球接近另一个作用它的星球而不被潮汐力撕碎的最短距离,只要大的卫星跑进行星的洛希极限,将被行星撕成碎片。

具体的过程我是这样表示的(如图1所示):

那么,为什么进入洛希极限后的卫星会被行星撕碎呢?我这么认为:一个被作用的星球时刻受到了作用它的那颗星球的引力,它便产生了潮汐力,于是,它时刻被撕扯着。

对"地球毁灭"的思考和论证　　103

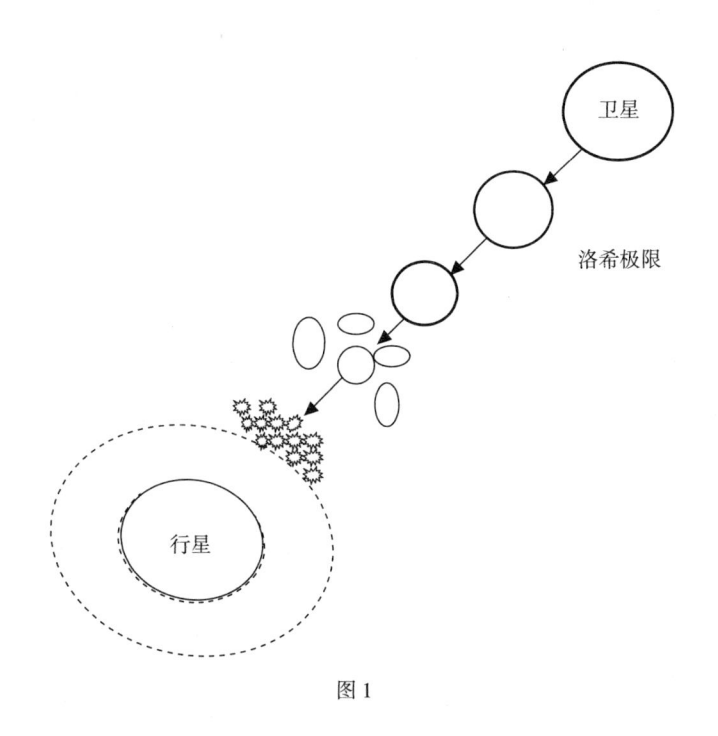

图1

我们假设那个被作用的星球直径为2，再根据万有引力大小与物体距离平方成反比，来计算不同距离被作用星球正、背面所受引力大小的比。我们设正面所受引力大小为a，背面为b，不同情况结果如图2、图3、图4、图5所示（直径表示为d）。

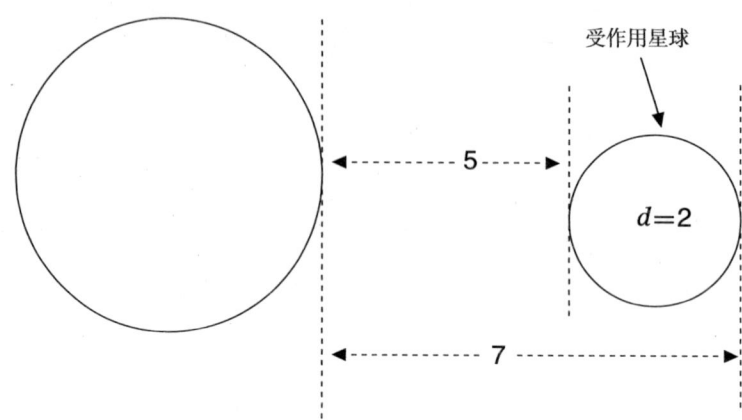

$5^2a=7^2b$

$a:b=49:25$

$a=1.96b$

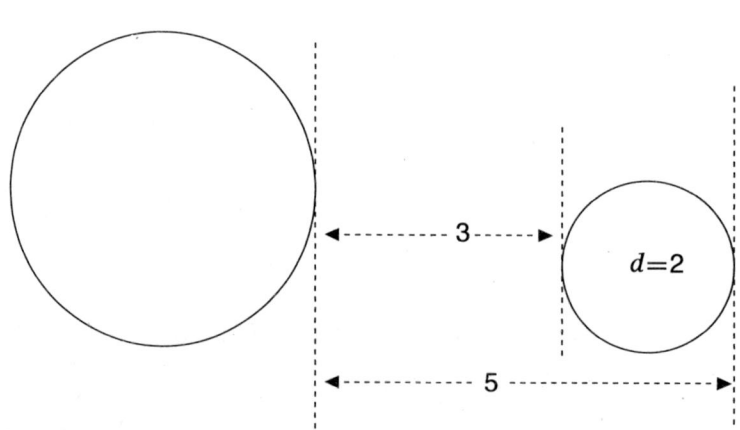

图 2

$3^2a=5^2b$

$a:b=25:9$

$a\approx2.78$

图 3

对"地球毁灭"的思考和论证

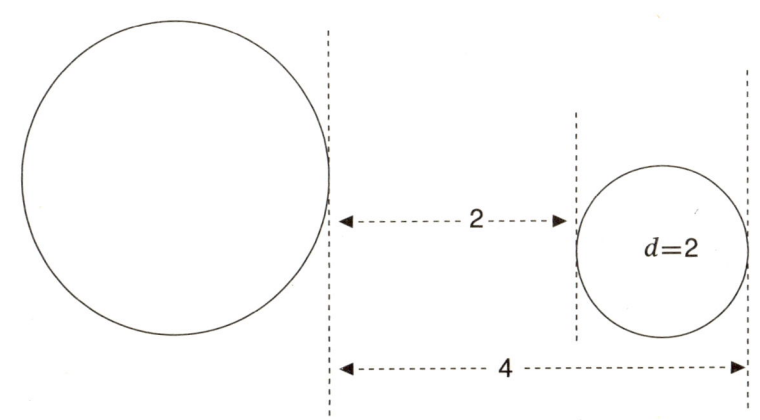

$2^2a=4^2b$

$a:b=16:4$

$a:b=4:1$

$a=4b$

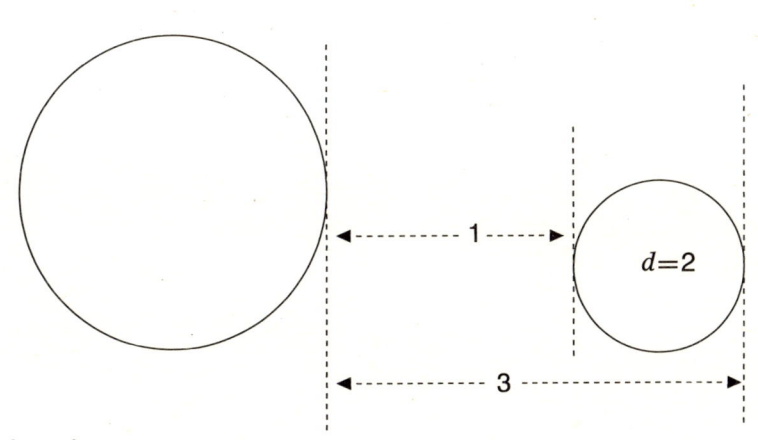

图4

$1^2a=3^2b$

$a:b=9:1$

$a=9b$

图5

通过计算得出，当两个星球距离越近时，被作用星球的潮汐力就越大；随着潮汐力逐渐增大，被作用星球被逐渐拉长，当潮汐力大到一定程度时，被作用星球被撕碎，便进入了洛希极限。

地球也不一定能逃过厄运。

如果地球进入了太阳的洛希极限，地球就会被太阳施以"车裂"之刑，最后粉身碎骨，人类与地球上的生物将遭到灭顶之灾。

庆幸的是，地球距离太阳1.5亿千米，太阳洛希极限仅为170万千米，从目前来看，地球被撕裂是不可能的。这也不能完全避免来自自然的因素，例如某种宇宙中的外力推动地球进入洛希极限，或者地球因某种自身的偶然因素进入洛希极限，都会发生不可挽回的灾难。

这是一篇科学小论文，生涩的术语让我读起来很费力，我也无法验证根儿文中的科学知识以及他的论证及表达是否正确。但是，仅就这篇文章来说，根儿对于地球进行思考、表达自己的看法、用所学的数学知识对自己和他人的理论进行论证，这些元素体现的是根儿独立思考和探究宇宙真相的科学精神，这才是我最看重的。

Chapter 6

拓宽孩子的视野，保护孩子对人类文化的认知和体验

文化敏感期到来后,孩子会表现出对人类文化的激情:文字、数学、天文、地理、音乐、书法、科学……都会让孩子着迷。

小小读书郎

根儿从出生后十多天开始，夜里就不睡觉。无奈之下，我只好在夜里读唐诗给他听。幼儿喜欢有韵律的声音，他在享受唐诗的韵律和诗句的美感中，渐渐爱上了书本，似乎懂得书可以给他带来快乐一般。于是，每天晚上洗澡后，他都急着上床，早早等候我的读书声响起。洗澡——上床——听我读书，根儿恪守着这个程序，一成不变，直到根儿上小学二年级，自己可以阅读。

转眼到了夏天，根儿已经半岁。成都的夏天很闷热，每天早上起床后，我们要给根儿洗澡。每天早上洗完澡，他也立即上床，安静地躺着，等着我为他读唐诗。在他的生活规律中，只要洗澡，接着就是上床和读书，这是幼儿天生的秩序感表现。

根儿在半岁左右，除了为他阅读唐诗和宋词，我们还给他准备了幼儿版的《看图说话》和《看图识字》的儿童读物，这些读物基本就是一些图片配上简单的文字，比如，一个南瓜的图片配上"南瓜"两个字。根儿喜欢看这些有彩色图片的书。每次看的时候，他一定要我用手指着书上的每一个字并读出来；如果我的手指没有指着我所读到的文字，他就会抓住我的手指，放到文字上，嘴里发出"喔喔喔"的声音，示意我应该怎么做才能够达到他的要求。

现在我才明白，我的这种做法让根儿在8个月大的时候，就发现了图形与文字的配对关系。记得有一次，我们一起看《看图识字》，我故意指着南瓜，嘴里却读出"茄子"，根儿立即哭了起来，抗议我的错误；在我重新读成"南瓜"后，他立即停止哭声。在我太累的时候，我的母亲就会替代我，她非常耐心地为根儿读书。母亲说根儿心里什么都明白，只是不会说话。根儿将文字与图形准确配对的能力，是他优质记忆力的体现。在评价智力的因素中，记忆力是一个重要因素。

根儿1岁半的时候，已经能够将书本上获得的知识与实际生活联系起来了。那是一个夏天，外婆买了一些葡萄回家。根儿看着葡萄，突然说出"葡萄美酒、葡萄美酒、葡萄美酒"，我立即意识到了他在将大脑中储存的诗句"葡萄美酒夜光杯"中的"葡萄"二字进行对接。我立即拿起一串葡萄和一个漂亮的酒杯，和着他的韵律一起念出"葡萄美酒夜光杯"，根儿立即理解了"夜光杯"，他露出了满意的微笑。外公见状，说："根儿的大脑会搬家，将来不会是一个读死书的人。"

那些诗词他早已经烂熟于心，但是，1岁多的根儿仍然不会开口叫爸爸妈妈，不会用完整的语句表达。虽然不会说出完整的语句，但根儿很喜欢和我们进行"诗歌接龙"，我读诗句的时候，根儿会主动接着每一句诗词的最后一个字。比如，我读"葡萄美酒夜光"，故意停下，根儿就接上最后一个"杯"字；我读"欲饮琵琶马上"，根儿接上"催"。每一首我们在夜里读到过的诗句，他都能够接上最后一个字。慢慢地，我在读诗歌的时候，每一句就留下两个字，让根儿来补充；无论我读出任何一句诗词，他都能够接上最后几个字。外婆外公也和根儿一起做这样的诗歌接龙游戏，根儿很有成就感。后来，根儿从接一个字，到接一句诗，再到他能够熟练地背诵一首完整的诗句。这个过程是"玩"的过程，我们从未强求他背诵。阅读对根儿的语言发育起到了一定的作用。

2岁左右的根儿已经非常热爱书本，整天拿着书让别人给他读。记得有一天，一位朋友来家里玩，根儿第一次见到这位朋友，他端着自己的小板凳，拿着一本唐诗，跌跌撞撞来到朋友面前坐下，把书递给朋友，然后指着书本对朋友说"喔喔喔"。朋友一脸茫然，不知道他是什么意思。我见状后解释："他要你为他读书。"朋友明白后，拿着书开始为根儿读。我当时很吃惊根儿的这个举动，我没有想到他会让家里的客人也为自己读书。

为了满足根儿阅读的欲望，我们买了各种类型的儿童读物，除了唐诗宋词看图识字，还有很多童话和寓言。他像一块海绵一样，努力吸取着各种书籍中的知识，满足自己的文化需求，这让他的视野更加开阔。在根儿3岁多的时候，提出了很多与自然现象有关的问题，比如"天上为什么有云彩""为什么会下雨""人受伤后为什么会流血"，等等。于是，我们买回了儿童版的《十万个为什么》，这套书让根儿爱不释手，每天睡前必须要为他阅读。根儿从很小的时候开始，对阅读什么样的书就有自己的选择，每天晚上他会自己选出喜欢的书。

《十万个为什么》与其他科普书籍一读就是好几年，每天重复阅读都不会让根儿感觉厌烦。我试图给他阅读《格林童话》和《伊索寓言》，期望能够在阅读书籍中有一些平衡，可是，根儿坚决排斥。有一天，3岁多的根儿告诉我："妈妈，那些童话是假的，我不听！"听到3岁多的孩子说出这样的话，我非常吃惊，他已经能够对书籍有了自己的独立判断，我尊重了他的选择。我坚持认为只有孩子喜欢的书籍，阅读才是有意义的。然而，至今我都没有想明白他为什么能够在那样的年龄做出如此判断。

彩色连环画本《孙悟空》是根儿唯一喜欢的文学类书籍。那个阶段，《十万个为什么》与《孙悟空》交替着阅读，每本书起码五遍以上，直到根儿7岁上小学一年级前，我们每天晚上依然阅读《孙悟空》。

对于科普书籍的热爱一直延续着。小学阶段根儿喜欢有关兵器和飞机的书籍，也喜欢看充满童趣和知识的《米老鼠》杂志，还喜欢上了漫画《老夫子》，于是我购买了全套的《老夫子》。期间，根儿还喜欢上了很多漫画书，这些漫画中的幽默对根儿有很大的影响。上中学后，根儿喜欢科技类的书籍，喜欢看《大科技》杂志，我们一直为他购买和订阅他喜欢的书籍和杂志。对于小说，他一直不喜欢。

　　20多年前的中国，孩子可读的书籍没有如今这般丰富，当时几乎没有进口的幼儿书籍。现在，有更多国外的儿童绘本进入了我们的视线，也有更多青少年阅读的好书出版。每当我看到这些充满艺术美感和人文情怀的绘本，内心都有深深的痛：根儿已经错过了！如果当初他生长的年代，我能够和他一起看这样的绘本，那么，在他学习到知识的同时，还可以从绘本中吸取艺术和人文的营养，这些精神营养能够为他的人格增添更多的魅力。

　　现在看来，幼年时期阅读唐诗对根儿的影响是终身的。至今，根儿都喜欢用诗句来表达，心情好的时候，他会脱口而出，或背诵名家诗句，或自己作诗。这些诗句反映了他当下的心境，也给我们带来很多快乐。有时候，我们一家人开车外出游玩，在车上，根儿也会冒出诗句来，常常在大声作诗后，自嘲"小诗人"。

　　曾经看到根儿写过一首为同学庆祝生日的诗歌。那是在深国交，同学们过生日喜欢聚会，这首诗歌是为一位女同学的生日所作。还有一次，看到根儿写的一首讽刺老师的打油诗。那时根儿上初中，对老师布置很多作业非常反感，于是用诗歌来表达自己的不满，这首诗写得非常幽默，看后我不忍大笑。

　　每个孩子的天赋不同，性情不同，兴趣不同，所以，孩子们的阅读兴趣有所不同。一些妈妈来信讲述了孩子的阅读兴趣：

　　　　妈妈一：我儿子5岁，也说童话是假的。喜欢看百科、看动漫，我家邻居的男孩也是这样。所以我觉得有一种类型的孩子就是这样的，跟父母的引导并没有多大关系。有一次，我儿子和我同学家的女儿一起玩。两人年龄相仿，女孩儿是那种很浪漫很梦幻的气质，正对着一只玩具瓢虫表演，正当她深情地表演着："啊，小瓢虫死了！"我儿子凑上去，很扫兴地插嘴："这是假的！"

妈妈二：我儿子和根儿惊人的相似。3岁时就认为圣诞老人是假的，童话故事都是编的，从小喜欢看《十万个为什么》，他小学到初中的作文写得最好的就是说明文。

妈妈三：胡老师，我女儿正好与您的儿子相反。在她还小的时候就阅读了大量的童话书集，她有丰富的想象力。小的时候就爱给我讲她编的故事，大部分都是天马行空。现在14岁了，笔风大变，她写的东西全是风花雪月，凄美、伤感……有几篇文章竟以主人公的坠楼为结局（还附有自己画的插图），不免让我有隐隐的担心。为什么女儿不写些阳光积极的东西呢？是"少年不知愁滋味"还是她小小的心灵上的某些投射，我百思不得其解。

一位网友认为我过早地让根儿读《十万个为什么》导致了根儿不喜欢童话。在孩子小的时候，应该多保护他的想象力，用知识填充对想象力是一种扼杀，应该让根儿在该读故事的年龄读故事，在该学知识的年龄学知识。其实，在根儿的成长过程中，我们没有用知识填充根儿，他对知识有天生的渴望，我们只是为他提供了各种书籍，让他顺应自己的内心的需要和喜好。如果让孩子来适应我们的"应该读故事"的要求，那就将孩子做成了教育理论的"标本"。我们不可以规定孩子在什么年龄该学习知识，什么年龄该读故事，而是应该尊重孩子的天性，上天给予孩子的想象力并不会因为没有读童话故事而消失。如果孩子天生不喜欢童话而我们一定要强迫孩子喜欢，在孩子对知识渴求的阶段不满足孩子，那才是对孩子天性的扼杀。

动　画　片

2岁多的根儿喜欢看动画片。每天下午6点左右，电视里播放儿童动画片的时候，我们都会让根儿尽兴地看上半个小时。他喜欢的节目一旦结束，他会立即转身离开电视机，去做其他喜欢做的事情。由于我们支持他的各种爱好，所以，根儿可以自由地做自己喜欢的事情，不会沉溺在电视节目上。

这个时期，根儿喜欢做的事情有很多：喜欢用剪刀把纸剪成各种形状，我们就为他提供丰富的旧报纸（现在才懂得报纸含铅量太高，不适合让儿童大量接触），他每天可以坐在一个大盆子里剪纸1~2个小时；他还喜欢听英语，我们就为他提供自己操作录音机的机会，教会他翻转磁带，他可以一个人坐在地板上，听1~2个小时英语；家里有一个50平方米的花园，根儿可以自由地在花园里骑小三轮自行车；每天晚饭后散步认识车牌号码……有这么多根儿喜欢的事情要做，他自然不会整天看电视了。

一次，我们从小店里租了美国动画片《仙履奇缘》的录像带，这是由灰姑娘的童话故事改编而成的。优美的音乐，动人的故事，电影中善良的老鼠、美丽的仙杜丽娜、大南瓜车、凶恶的后娘、七个小矮人等各种动画人物深深吸引了根儿。根儿看了一遍又一遍，不让我们归还。我们交足了租金后，根儿连续看了一个月还没有看过瘾。见根儿如此喜欢，我和孟爸决定把这盘录像带买回家。20世纪90年代，距今已经20多年，那个时候录像带很贵，又不容易买到，录影光碟还不像现在这般普及，于是我们找到出租录像带的老板，让他把这盘录像带卖给我们，孟爸磨破了嘴皮，最终出高价买回。根儿对《仙履奇缘》的喜爱持续了近一年的时间，每天的动画片时间，他都选择这部电影，一年以后热情才慢慢褪去。

这部充满了艺术和人文气息的《仙履奇缘》给根儿带来的审美提升是不言而喻的，奠定了他后来对动画片选择的基础。根儿喜欢的动画片都是在全世界享有盛誉的动画片，比如《米老鼠和唐老鸭》《猫和老鼠》《大力水手》《鼹鼠的故事》等。这些动画片伴随了根儿的童年，直到现在，只要电视里有《猫和老鼠》，我都会与根儿一起观看；每年，迪士尼一出新的动画片，根儿必定要看。

长大以后，根儿喜欢的电影都具有一定的艺术和人文价值。14岁那年，他买了第一张电影光碟是美国电影《勇敢的心》。这部由梅尔·吉布森导演的电影，讲述了华莱士带领苏格兰人民为了自由而抗争的英雄故事。本片在1996年第68届奥斯卡金像奖角逐中获得最佳影片、最佳导演等5项大奖。这部电影根儿反复看了好多遍。根儿喜欢的电影不多，但对喜欢的电影，他会反复观看。我们到电影院看好莱坞电影，根儿只选择原声版的影厅；在家里看电影光碟，根儿也会把声音调到原声声道。

根儿非常喜欢科普知识。在根儿5岁左右，电视里的知识竞赛成了根儿必看的节目。他也把自己当成参赛人员之一，只要题目一出现，他就会抢答；这样的节目吸引了他多年，电视为根儿打开了一个了解知识的窗口。

前几年我到一位朋友家里玩，看到她家里没有电视机，感到很奇怪。她的孩子4岁，正是喜欢动画片的年纪。我问她："你们不看电视吗？家里怎么没有电视机呢？"她说："为了不让孩子看电视，所以，家里不放电视机，我们也不看电视了。""为什么不让孩子看电视呢？""孩子看电视不好。"现在，有一些家长也像我这位朋友一样，夸大电视对孩子的害处，不准许孩子看电视。

我们生活在有电视的时代，电视传播的信息让我们能够及时了解这个世界的变化。把孩子和电视隔离开来，甚至把电视当成一个可怕的瘟疫不让孩子接触，是人为地将孩子与世界隔离的错误做法，这是家长的误区和错觉造成的。

我一直认为只要我们为孩子看电视的时间和内容制定出合理的规则，并坚持执行这样的规则，电视就可以用来为孩子服务。根儿从动画片获得的益处，到根儿跟着电视学英语，电视节目给根儿带来的好处是非常多的。这一点我会在根儿英语学习的章节中讲解。现在，根儿长大了，他不再看电视，网络的发展让他们这一代人离开了电视，投入网络世界，这是时代的必然。当根儿迷上网络和游戏的时候，我们依然采用了合理分配时间接触网络的方式来引领根儿，让网络为根儿服务，同时让根儿学会自我管理和自我控制。无论是电视还是网络，都有对孩子有利的一面，也有对孩子有害的一面；如何引领孩子享有其利规避其害，是父母的智慧决定的。

如果孩子沉溺电视，父母要审视自己教养的方式是否出现了问题。导致孩子沉溺电视的原因有以下几个：

第一，家里不让孩子看电视，但孩子可以在同学家里、朋友家里、大街上、商店里发现电视的巨大吸引力。这种欲望将会积压在内心，一旦有看电视的机会，比如孩子到了奶奶家或者朋友家里，在不限制孩子看电视的环境中，孩子就会沉溺在电视节目里。

第二，孩子的工作不足，其他爱好不能够得到父母的支持。孩子常常陷入无聊状态，就会被电视节目长时间吸引，由此沉溺电视。

第三，孩子的任何探索行为都被成人阻止。为了安全，大人整天让孩子看电视，以保证孩子不出意外；长此以往，孩子只愿意看电视，不愿意进行其他活动，由此沉溺电视。

一些父母认为，看电视是孩子在被动接收信息，不是主动探索。我认为，孩子对世界的了解应该是立体状态的，主动探索与被动接收应该保持一个平衡的状态。《仙履奇缘》传递给根儿的诸多信息，是根儿在探索活动中无法触及的，它为根儿打开了另一扇看世界的窗户；儿童英语电视节目满足了根儿学习英语的渴望，弥补了当初我们家庭条件的缺陷。这都是电视带来的极大好处。在养育孩子的过程中，我们不能够因为强调孩子的主动探索，就强行让孩子与电视隔离，把孩子从电视中接收信息说得一无是处，这是不客观的。

在一些幼儿园里，老师不让孩子听音响设备中放出来的音乐，他们说人发出的声音才是最美的。于是，孩子们只能够听到他们老师的歌声。我在想，为什么孩子不可以听帕瓦罗蒂的歌声呢？即使那些幼儿园老师的声音都很好听，帕瓦罗蒂的歌声也可以用机器播放出来，让孩子们听一听世界上还有这样一种歌声，让全世界的人为之倾倒；或许，其中的某一个孩子因为帕瓦罗蒂的歌声，热爱上了唱歌。有时候，幼年的审美启蒙需要我们把高水准的艺术带给孩子。

很多时候，教育者（父母和老师）容易走入一个极端，不能够立体地分析一个问题。孩子的成长需要立体的环境，多方面的信息传入，多方位的探索活动，这种教育思维才能够帮助每一个不同特质的孩子，为不同特质的孩子提供成长环境。

地理和天文知识

根儿4岁左右的时候，我们去一家餐厅吃饭。饭后我们和朋友聊着天，发现儿子不在，四处一看，发现他站在一张餐桌上，用一支筷子指着墙上的一幅中国地图，口中喃喃自语。那个时候我不懂得这就是文化敏感期的表现，但我立即意识到了根儿需要地图。第二天，孟爸买来了中国地图、世界地图、云南地图、昆明地图贴在根儿的房间，还买了地球仪，帮助根儿更好地了解地理。后来根儿对各国的国旗非常感兴趣，我们又买了一张世界各国的国旗图张贴在他的房间。半年后，根儿在书店发现了立体的地形图，买回家里挂在了墙上。根儿的房间挂满了各式地图，像一间研究地理的办公室。

小学三年级后，我们从昆明转学到了成都。在成都的房间里，根儿仍然有张贴地图和地形图的习惯。初中毕业后到了深圳，在深圳租住的房间里，根儿依然把地图张贴到墙上。孟爸非常支持根儿的这个爱好，他经常说："把地球装在了心里，这个世界就变得很小了，这叫胸怀世界！"

墙上的地图和书桌上的地球仪被根儿反复研究，我和孟爸不会主动给他讲解什么。他一旦来问一些地理的问题，孟爸立即热情地回应。孟爸是学文科的，地理知识信手拈来，而且还会在地理的基础上给根儿扩展，比如，什么样的地理位置就会具备怎样的气候，这样的自然条件下会产生怎样的经济作物，这些因素又如何影响到具备这样自然条件的国家的政治……父子俩会就这些问题进行一番讨论，根儿的地理知识就是在这样的情景中熏陶出来的。小学毕业的时候，根儿的科学老师告诉我："你儿子的地理知识已经相当于初中生了,他是怎么学习地理的?"我回答:"他喜欢地理,自己看书、看地图、看地球仪学会的。" 至今,根儿可以轻松地告诉我们某个国家的地理位置、自然环境、气候带、当地物产等。

当初,我们及时地满足了根儿对地理文化的需求,并没有功利地想让他掌握多少地理知识。这样的做法让根儿始终都保持着对地理的兴趣,知识轻松自然地进入了他的大脑。

假如我当初对根儿站在餐桌上指地图的行为进行指责,呵斥他不守规矩,对他进行一番安全教育,根本不思考他为什么要站在餐桌上拿筷子指地图;假如当初我发现了根儿喜欢地理,而我功利地要求他记住国家的名称、地理位置、气候带等,然后将他的成就作为炫耀的资本;假如当初我仅仅买回一本地理书讲解给他听,没有买他感兴趣的各种地图;假如当初我为了满足自己的需要要求他去学习舞蹈,认为舞蹈能够让孩子体型更好,又能够培养他的表现力,而无视他对地理的兴趣……那么,或许根儿的兴趣在我的斥责中烟消云散;或许他因为我的考核而将地理作为负担,从此厌恨这些地图;或许在我枯燥无味的照本宣科中失去对地理的兴趣……庆幸的是,我和孟爸没有犯下这些错误,保护了根儿对地理文化的敏感期。

对地理感兴趣的同时,根儿对天文知识也充满了好奇。在他7岁左右的时候,我们带着根儿来到云南省天文台,观看了宇宙星系的立体电影。透过天文望远镜,根儿近距离地与星空对话,了解了地球与太阳及其他行星的关系。他还收集了很多行星的图片,对这些图片爱不释手。至今,这些图片还保存在他的百宝箱里。

文字的学习

根儿的睡前阅读习惯我们一直坚持着。按照他的要求，读书的时候，读到什么字时，一定要用手指指着这个字。我们一直没有主动教他认字，一是觉得没有必要，反正进入小学后，自然有老师会教孩子认字；二是幼儿园老师告诉我们不可以教孩子写字认字，如果孩子问到了才回答。所以，根儿5岁左右的时候认字也不多。20多年前，根儿在昆明市五华教工幼儿园就读。现在我才明白，幼儿园老师所说的意义；正是幼儿园对家长的正确要求，才保护了根儿对文字的热情。

根儿在5岁左右进入了对文字的敏感阶段。每天晚上的睡前阅读，他会主动地记住每个字的读法，然后自己拿着书读出来，不认识的字会问我。走到大街上，凡是能够看见的文字，比如广告牌上的文字、商店的名字、街道门牌号码、宣传标语，他都要求我们一字不落地读出来给他听。我们明显地感觉到了他认字的热情，非常配合，经常站在大街上读标语、门牌和广告语。根儿经常在小白板上写画着文字，虽然写出来的文字会出现左右和上下颠倒的情况，我们从来没有想过要去纠正，我们觉得写字的初期出现这样的情况很正常，就当他在练习。所以，根儿7岁上小学的时候，只会写自己的名字，其他字我们等着小学老师来教。

进入云南师范大学附属小学后我才知道，全班绝大多数孩子在幼儿园期间已经学会写很多字了，这些孩子大部分来自云师大附属幼儿园。每天放学我去接孩子的时候，他总是最后几个完成作业的孩子之一。根儿在学业上比其他孩子起步晚了很多，我非常焦虑，但不知道该怎么来帮助他，只好顺着老师的教学，期盼着能够有改善的一天。孟爸的心态比我好很多："才小学一年级，慌什么吗，根儿不笨！如果根儿的成绩真的一直差，不上大学又怎么了？社会上没有上大学的人那么多，只要他健康快乐，我就满足了！"孟爸在根儿的成长中始终都坚持这个想法。每当我为孩子的学业焦虑的时候，孟爸的这番话总是能够让我平静下来。我开始调整对根儿的要求，只要他的成绩中等，不是班里的倒数就可以。我不知道未来是什么，只是宽慰自己，反正才一年级，就让根儿慢慢来吧，适应小学学习后或许会好起来的。

面对自己的落后，根儿似乎没有多少感觉，每天高高兴兴到学校，对语文学习始终热情满满。每天放学回家，他都会把当天学到的拼音写在小白板上，自己扮成老师，让我做他的学生，然后有模有样地教我，我也有模有样地当他的学生，还要完成他布置给我的作业。由于我的拼音水平很低，常常出错，他就很认真地教我什么是翘舌音，什么是卷舌音，发音时如何把握舌头的位置；我很配合根儿，照着他的要求发音。每次班级进行了小测验，他回家就会趴在地板上，制作一张试卷出来，让我考试；在制作试卷时，他不时地翻书、查字典，这张试卷与真正的试卷结构相同，各种类型的题目和分值都有。他把学校试卷中各种类型题目都用大脑记录下来了，我不得不感叹根儿超强的记忆力。有一次，根儿从字典上找到"魕"，他用拼音记下了这个字的读音，然后让"魕"出现在试卷里，让我给"魕"标出拼音，我根本无法答出。根儿经常会从字典里找出这类复杂难认的字来考我。有一次，我的拼音考试只得了65分，根儿笑着说："妈妈，你比我们班里成绩最差的同学还要差！"我笑着回应："是啊，妈妈还要努力学习啊！"那个时候，我每天都会用半个小时当根儿的学生，然后，我才去做一家人的晚餐。现在我才明白，根儿出题考我的过程，是他主动在归纳、总结、提炼所学习到的知识，对所学的知识举一反三的过程。那些珍贵的试卷我保留至今，几次搬家清理，我都没有丢弃。

一年级的第一个期中考是根儿人生经历的第一次学业考试。期中考试成绩公布的那一天，我去学校接根儿，一路上想着根儿的考试结果怎样，会不会是全班倒数第一。来到学校，班主任在给孩子们布置作业，教室大门紧闭，围满了来接孩子的家长。教室的门口贴了一张纸，纸上写着这次期中语文考试的成绩分布状况：满分的有6个孩子，90～100分的有21个孩子，80～90分的有15个孩子，没有每个孩子的具体分数。家长们都在看这份成绩分布单，我心里想着：根儿肯定不会在那6个孩子中，可能会在80～90分这个群体里，但愿不要成为倒数的啊！

教室的门终于开了，孩子们都拿着试卷冲出门来，扑进爸爸妈妈的怀里。我看到根儿很兴奋地举着试卷，挤到教室门口，大声喊着："妈妈，我得了100分！我得了100分！"我不敢相信我的根儿，才短短两个月，根儿就跟上了老师的进度，成绩获得了优秀！在这所学校两年的学习中，根儿的语文成绩常常是年级第一，保持着优秀。从此，我相信根儿在任何学科的学业困境中，都具备突围的能力。根儿后来的学习经历也充分证明了这一点。

现在，我才知道根儿能够冲出困境并保持优秀的原因。第一，根儿7岁前，我们对他的探索能力、观察能力、创造能力、专注力等保护得比较好，加之他的记忆力特别好，这样的保护给孩子后来的学业储备了十足的后劲。第二，根儿的文化敏感期没有被破坏，让他保持了对文化的热情。由于没有学过写字，根儿非常喜欢，每天回家都非常认真地完成语文作业，上课也保持着专注和认真，这对他吸收知识提供了必要条件；相比那些已经学会了拼音和写字的孩子，根儿的学习兴趣更浓，吸收的知识更多。第三，提前学过一年级语文教学内容的孩子，对重复学习课堂内容和作业已经失去了兴趣，导致他们上课不能够聚精会神，作业不认真完成。还有一部分孩子之前被逼着认字和写字过度，已经厌学。这些问题在孩子刚入学的时候看不出来，他们表现出写字速度快，懂得的知识多，老师讲的他们早已经知道了，这些现象掩盖了孩子真实存在的问题。入校学习一两个月后，这些问题会逐渐暴露出来，孩子的成绩开始下降；同时，上课无法集中注意力的习惯也形成了。

我曾经在小学工作过一段时间。有一个刚入校的男孩每天上课都会跑出教室，我问他为什么不去上课，他告诉我不好玩，老师讲的课很弱智。我问他如果不上课，考试的时候做不出题目来怎么办，孩子回答我说老师讲的那些他早就会做了，随便怎么考都不怕！原来，这个男孩的奶奶是小学语文高级教师，从孩子很小的时候就教孩子学习拼音，教孩子写字写词，孩子的语文水平早已经超过了同龄孩子。这样一来，他自然觉得老师教的东西很弱智了。

当孩子注意力不集中、不愿意听老师讲课的时候，又被老师批评和管制，这让孩子不喜欢学校，不喜欢学习。这种恶性循环，至今在很多孩子身上重现。反复接受对自己负面的评价，对孩子的自尊心和自信心将是沉重的打击，孩子由此对自我的认知出现偏差，这些都是对孩子的人格建构极为不利的。

毛笔书法

进入文化敏感期后，幼儿园的一次毛笔书法课让根儿对书法产生了浓厚的兴趣。一个周末，根儿提出要去书店。我们一家人到了书店后，孟爸带着根儿直接到了卖书法字帖的地方，根儿挑选了王羲之等书法名家的临摹字帖；然后，我们又到商店买回了笔墨和临摹纸。从此，根儿每天从幼儿园回家就直奔他写毛笔字的大桌子，专心临摹，持续一两个小时，不知疲倦。这样的兴趣持续了近一年之久。这一年中，我们从来不对他的临摹有什么要求，就当他在玩。遗憾的是，当时我们不懂得借此东风，为根儿请一位书法老师，那样的话，或许根儿现在能够写一手好书法了。

不过，我也在思考，当初如果为根儿请了书法老师，会不会因为不当的教学，反而破坏了根儿对书法的兴趣，就像根儿当初对音乐和钢琴的喜爱被老师和我们破坏殆尽一样？

根儿小学的时候有一个学书法的同学，字写得非常好，参加全国比赛获得过大奖。一次根儿对我说起这个同学："妈妈，他的书法写得很好，但是他说他恨书法。"我问："为什么他不喜欢还要坚持写？"根儿说："他妈妈逼他写，他也恨他的妈妈！""他为什么不告诉妈妈他不愿意写？""可能他的妈妈不会同意他不继续写书法，他都得奖了啊！"或许，这个孩子本来是喜欢书法的，父母把孩子的爱好变成了功利的技能后，孩子不愿意变成父母功利的工具，才产生了对书法的恨。这次对话，为我后来思考根儿的钢琴学习和准许根儿放弃钢琴埋下了伏笔。

根儿对书法的热情在持续了一年后渐渐消失了。我们没有要求他坚持写书法，根儿的爱好太多，每一个爱好如果都让根儿坚持到底，根儿会吓得不敢再表现自己的爱好。只有顺应着他的兴趣，让他的爱好自由兴起，自由落下，他才能够有信心尝试更多的爱好。在这些尝试中，总有一款爱好会成就他的未来。事实证明，我的这种想法是正确的，根儿的成长也印证了这个"定律"。

国际象棋

在我们生活的小区，一群老爷爷每天都会聚集在小区门口，把象棋铺在地上，开始下棋。根儿的外公喜欢参与其中做看客，经常带2岁多的根儿一起看老爷爷们下象棋。这段经历让根儿认识了象棋上的字，象棋文化的种子埋在了根儿心里。

根儿在幼儿园学会了下跳棋。那段时间里，每天从幼儿园回家，吃完饭后就要我和孟爸陪他玩跳棋，跳棋成了我们家庭的固定游戏。后来，根儿每过一段时间，就对不同的棋类产生兴趣。只要他提出想玩哪一种棋，我们便和根儿一起到商场买回这种棋；然后，孟爸每天陪着根儿玩，恰逢孟爸有事情不能够陪根儿玩时，我就主动陪着玩。如此，我们在商场逐一买回了国际象棋、围棋、五子棋、军棋、象棋等。在尝试着玩了各种棋类后，根儿最后迷上了国际象棋。

孟爸会玩很多棋类游戏，但恰好不会下国际象棋。根儿喜欢上国际象棋后，孟爸和根儿去书店买回了《国际象棋入门》，父子两个开始照着书里的讲法练习。有时候，孟爸会主动看书学习国际象棋，这样他和根儿可以尽快地进入对局状态。我也会主动学习一番，做孟爸的替补。根儿对国际象棋天赋极高，常常战胜孟爸。孟爸觉得自己的水平有限，不能够满足5岁根儿的水平提升需要，我们决定为根儿找一个国际象棋老师。

然而，在20多年前的昆明，要找到一个合格的国际象棋老师非常困难。我们四处打听，最后在少年宫找到一个老师。这个老师也是业余爱好者，是当时昆明唯一一个在教授孩子国际象棋的老师。在跟随这个老师学习了2个月后，老师告诉我们根儿很聪明，在跟随老师的6个孩子中，根儿的水平最高，他建议我们带根儿参加全国的少儿国际象棋比赛。

我与孟爸从来没有想过要孩子参加比赛，我们只是希望能够满足根儿对国际象棋的喜爱，让他在其中获得快乐。我们将想法告诉了老师，老师对我们说："孩子太聪明了，在这群孩子里他没有对手，我的能力达不到他的要求；他如果能够找到更好的老师，对他的水平会有很大的提高。"我们没有报名参加比赛，也没有为根儿寻找到更好的老师。寻找老师的过程让我们深感昆明教育资源的落后，这也是后来我带根儿离开昆明，到成都和深圳求学的重要原因。

离开了国际象棋老师后，孟爸决定还是自己在家里陪根儿玩。为此，孟爸和我都更加努力学习国际象棋，根儿的这个兴趣一直保持到了高中毕业。那个时候，他只要外出旅行都会带着国际象棋，在宾馆里也和孟爸鏖战一番。在与孟爸聚少离多的日子里，根儿就在电脑上玩国际象棋；这个爱好保留至今，成为他业余休闲的一个方式。

有一位妈妈给我来信："胡老师，您好！我儿子从幼儿园就开始学围棋，学了三年了。前年开始正式到学校学习，学习了几期后，本来他成绩一直中上的，上学期我把他转到中级班后，他下棋下不过别的小朋友，失去信心，这学期他不愿意去学习围棋了。如果任由他放弃，我觉得前功尽弃，他会不会将来遇到困难就放弃，我们应该如何帮助他呢？"

只有当孩子从围棋的成就感中获得精神愉悦，才能够让孩子持续这个兴趣。兴趣带来的持续的精神愉悦是孩子意志力养成的基础，人类不是因为吃苦而坚持，是因为精神愉悦而坚持。对于孩子因为兴趣的坚持，或许在他人眼中是苦，在孩子的内心却是精神享受：创造、成就感、愿望的实现……这位妈妈对孩子围棋兴趣的功利态度，伤害了孩子对围棋的兴趣。当孩子的兴趣受到伤害时，父母要先审视自己对孩子学习围棋的目的性，是让孩子在围棋中享受精神愉悦，还是让孩子将围棋作为竞赛的工具，满足父母的功利企图？

当孩子感觉到父母的功利，他会担心自己的表现不能够达到父母的要求，担心自己让父母失望，失去父母的爱；于是，孩子会在其中做出有利于自己生存的选择，那就是，选择放弃围棋，保住父母的爱。

给这位妈妈的建议：让孩子自己选择愿意留在初级班还是中级班；把围棋当成孩子又一个快乐的玩耍方式，不要功利，不要干预孩子的学习进度；如果孩子需要，在家里陪孩子下棋，共享围棋带来的快乐，而不是追求输赢。

电脑游戏

儿童对出现在眼前的新鲜事物都会产生极大的兴趣。我们的原则首先是支持孩子对新事物的探索，同时制定出相应的规则，让孩子在规则之下自由探索。根儿3岁多时，对当时流行的电子游戏表现出了极大的兴趣。我们到亲戚家里，根儿的哥哥们个个都在玩电子游戏，哥哥们也会教根儿玩一些游戏，惹得根儿眼馋手痒。于是，我们买了一台电子游戏机，让根儿在家里尽情地玩。我和孟爸都对游戏不感兴趣，也不会玩，根儿一直就一个人玩游戏。

我们为根儿玩游戏建立的规则是：每天玩一个小时，到时间要自觉关机。违反规则便会被处罚，处罚的方式是取消下一周的游戏时间。根儿每天从幼儿园放学后，回到家里玩一个小时的游戏，他非常遵守规则。我们会给足他一个小时的游戏时间，只要我们告诉他时间到了，他一定会主动关机。根儿知道我是一个说话算数的人，不能够违反规则。

有一个周末，根儿没有去幼儿园，吃过午餐后根儿提出要玩游戏。我告诉他："如果中午玩了游戏，今天的游戏时间就用完了，晚上不可以再玩。"根儿答应了。这时，我去午睡，因为根儿不会看时间，睡前我把钟放到他面前，告诉他："你自己看着钟，长针指到12，短针指到2，你的游戏时间就应该结束了。"还没有到下午2点，我提前醒了，但我想试一试根儿的自我控制能力，我没有立即起床，也没有让根儿发现我已经醒了。2点钟时，根儿一分钟也没有拖延，非常自觉地关机，然后自己玩玩具去了。这让我感慨不已，根儿才3岁多，他对规则的遵守和自我控制能力，非同一般的孩子啊！玩了近一年的电子游戏后，4岁多的根儿的游戏水平已经非常高了，每一个游戏都能通关，他终于失去了兴趣。有一天，根儿对我说："妈妈，把游戏机收了吧，我不想玩了，没有意思了！"于是，他再也没碰电子游戏机。根儿的生活中，除了游戏，还有很多他可以自由进行的活动，这也是他不会沉溺游戏的重要原因。

根儿5岁的时候，电脑游戏开始兴起，他又被这种新的游戏形式所吸引，提出要玩电脑游戏。当时家里没有买电脑，我和孟爸都不会玩游戏，为了满足他对游戏的喜爱，我们决定送根儿到网吧，请网吧的老板教他。对于电脑游戏，我们给根儿制定的规则是：每周只有周末两天可以去网吧，每次1个小时。就这样，我们每到周末就把根儿送到离家很近的一个小网吧，把他交给老板，并告诉老板我接孩子的时间。老板负责教根儿玩游戏。一年之后，我们家里有了电脑，根儿也学会了玩电脑游戏，很少再到网吧。根儿继续遵守每周两次、每次1小时的电脑游戏时间，一直到初中。

初中阶段，根儿的电脑游戏时间增加到了每次2小时，同样是每周只有周末两天可以玩。但是，他也有不能控制自己游戏时间的时候，有时持续4小时玩游戏。我因为出差时间多，也知道根儿的学习压力大，游戏可以帮助他放松，有时候只好放任了。只是，根儿出现这样的情况不多。记得一次我到北京出差，回到家后，照顾根儿的董姐告诉我：有一天晚上，董姐睡醒一觉后发现根儿玩游戏到夜里两点钟，董姐忍不住生气了，批评根儿不守规则。根儿立即关机上床睡觉。此后，再也没有发生过类似情况。

高中以后，我们没有过多地干预根儿游戏的时间；因为进行干预的话，他会反抗。他对我说："西方的研究表明，喜欢游戏是男人的天性。"有时候我也觉得他说得有道理。在西方，男孩们可以参加童子军，学校有拳击课和练习场所，有体现男人勇敢智慧的橄榄球运动，家庭活动中也会为男孩提供适合男性的活动；而在我们的环境中，男孩们极度缺乏这类适合男孩成长方式的时间和空间。根儿在游戏中常常以武士、军人等男人形象出现，在打打杀杀的游戏中满足自己的雄性欲望。

一次，我问18岁的根儿："我经常看到报道中说，孩子为了玩游戏会花很多钱，一些孩子就会偷拿父母的钱。你玩游戏怎么不花钱呢？"根儿告诉我网络游戏才花钱，他玩的是不花钱的小游戏。我问："为什么你没有玩网络游戏呢？""玩网络游戏除了要花很多钱，还要花很多的时间，我觉得没有意思，我玩游戏只是为了放松一下，干吗要花钱和大量的时间呢！所以，我只玩不花钱的小游戏。""你们同学有玩网络游戏的吗？""有啊。""他们会不会看不起你玩的小游戏？""我又不在乎他们是否看得起看不起，我喜欢玩什么样的游戏，那是我自己的事情。"根儿在选择游戏的时候，有自己的判断和主见，不会被他人左右，做出了对自己负责任的选择。

对于孩子玩电脑游戏，我认为有积极的一面。第一，这是孩子对新鲜事物的好奇和探究。社会已经进入了网络和游戏时代，让孩子接触当下对他们极其有吸引力的事物，可以保持孩子对世界的探索欲望和求知欲望。第二，玩电脑游戏能够促进孩子智力的发展。要将游戏玩得好，左右手的配合、双手与大脑的配合是非常重要的。玩游戏可以直接促进孩子的大脑、双手和眼的协调配合能力。第三，游戏可以帮助孩子发展"一心多用"的能力。在游戏中，孩子的大脑要同时指挥左手和右手，还要协调左右手的配合，大脑的分别指挥练就了孩子的一心能够二用，而且能够用好的本领。第四，可以利用孩子玩游戏的过程，训练孩子遵守规则和自我控制能力。鉴于上述对孩子的有利之处，我支持孩子玩电脑游戏。每一次家里换电脑，我们都以游戏需要来配置硬件和软件。到深圳后，他喜欢上了苹果电脑，我们买回了最大号的苹果一体机，满足根儿玩游戏时的视觉欲望。我希望根儿在家里上网和玩游戏，这样我可以掌握他的上网情况，有时候还让他给我们讲讲他的游戏内容，避免孩子接触不健康的网站和游戏。

当初，我们把孩子送到网吧时，朋友们都以一种不可理解的口气责问我："你将儿子送到网吧？别人都想方设法不让孩子进网吧，你是哪根神经出了问题？"现在还是有父母会问我："你这样做不担心孩子将来有网瘾吗？"事实证明，根儿现在不但没有网瘾，还能够对自己玩游戏做出负责任的选择。

当孩子沉溺于电脑游戏，正常生活、工作和学习都会被严重影响。电脑游戏不是产生网瘾的根本原因。更多的网瘾孩子是因为：缺乏家庭的温暖，缺乏父母的关爱；童年的文化敏感期被破坏，导致没有建立积极健康的爱好；家庭教育和学校教育不当给孩子带来的低自尊人格，无法从现实生活中获得成就感；游戏中的成就能够满足孩子精神愉悦和生命价值实现感的需求。由此，如果只是将网瘾者与电脑游戏隔离，想让网瘾者脱离网瘾，是不可能的。网瘾真正的病根在孩子的人格建构上，而不是在电脑游戏上。

一些父母没有看到游戏给孩子带来的正面发展，夸大电脑游戏的危害，阻止孩子接触电脑游戏，这样做给孩子的发展带来了负面影响：第一，孩子对新事物强烈的探索欲望没有得到满足。成人的阻止并不能够让孩子失去对游戏的好奇心和探索欲望，反而让孩子对游戏的欲望如地底沸腾的岩浆，终会有喷发的一刻，一旦喷发便势不可挡。这就是为什么一些孩子进入大学后，脱离了父母控制便沉溺网吧而荒废学业的重要原因。第二，父母失去了教导孩子在游戏中学会管理自己的重要机会。孩子一旦接触电脑游戏，便失去了自控能力。第三，孩子对于父母阻碍自己接触电脑游戏不满，亲子关系因此受到影响。第四，孩子感觉自己落后于同龄人，缺少与同龄人交流的话题，产生自卑心理。第五，孩子可能出现背着父母到网吧玩游戏的行为，给孩子带来危险。

我一直认为，电脑游戏是把双刃剑。是否会伤及孩子，关键是父母如何使用这把双刃剑。对于那些抱怨孩子不遵守电脑游戏时间和规则的父母，应该审视一下自己对孩子的管理是否出现了漏洞。这不是孩子的问题，一定是父母的管理出现了问题。

在一次我在9岁孩子们的课堂里，讲到"进父母的房间要敲门，得到许可才可以进入；父母要进入你们的房间也要敲门，得到你们的许可才可以进入"这个环节的时候，孩子们大叫起来，"我的爸爸妈妈进我的房间从来都不敲门""他们不允许关我房间的门，他们想什么时候进来就什么时候进来"。在孩子们的控诉之下，坐在课堂后面的父母忍不住了："他们玩电脑不能够管理好自己，说好的时间不遵守，我们只有采取这样的方法了。"

课后，我在与父母们单独交流中进行了如下的对话。

我："我们希望孩子几岁能够控制住玩电脑的时间？"

父母们："现在他们能够管理住就很好啦。我们制定了规则，孩子也同意，但每次玩的时候孩子都会讨价还价，需要多增加半小时或者一小时。我们没有办法，只好同意。他们就得寸进尺，我们就管不住了。"

孩子要能够控制玩电脑的时间，这是需要一个练习的过程，这个过程应该是这样的：父母提出玩电脑的时间（当初我给儿子的时间是周五至周日每天两小时，平日不可以玩）；如果超过时间会受到下周禁止玩电脑的处罚；制定规则后坚决执行，不可以任由孩子改变规则。只有这样孩子才会学习到如何遵守玩电脑的时间。

孩子总会挑战父母的权威，他们会想方设法来让父母将规则松动，从而获利。如果父母不坚持执行规则，就破坏了孩子遵守规则的意识和能力，孩子的行为就只能靠他人来监管，失去了自律发展的机会。

云南方言剧

在根儿8岁那年,云南电视台播放了一个汇集了云南各地方言的电视连续剧《东寺街西寺巷》,剧情和演员的表演非常幽默,每一集都会出现云南各地不同的方言,充满了地道的云南味道。我们一家人每晚都一起看这部连续剧,根儿非常喜欢,看过后还会模仿剧中最具喜剧效果的桥段。

超强的记忆力和语言模仿能力,让根儿很快就将《东》剧里精彩桥段中的台词背得滚瓜烂熟。他只要兴趣一来,就开始在家里表演,孟爸和我配合他扮演配角。他最喜欢的一段是剧中人物"帅得想毁容"(简称"毁帅")向小水仙求爱的那段。毁帅一边认真地展示自己的外貌,一边用语言展示他的帅:"看看我的发,格像当年的刘德华;看看我的眼,格像歌星黄格选;看看我的眉,格像当年的一剪梅;看看我的唇,格像帅哥郭富城。"这一段成了根儿表演的经典片段。

为了达到表演的效果,根儿要我们为他配备了花头巾。每次表演他都会模仿毁帅的装扮,带上这款花头巾,这样更加容易进入角色,表演时的神情和方言都味道十足。这一年的春节,我们和亲戚们在一起过年,平时不喜欢说话的根儿,在大年三十晚上为大家主动表演节目,他一口气表演了好多个桥段:有吹牛骗钱的桥段,有像女人一样的男人马娘娘向小伟示爱的桥段,有教授普通话错误百出的桥段,有小伟从陆良回到昆明家里要小粑粑吃的桥段,还有住店的教授吃药的桥段……他表演得惟妙惟肖,把一大家子人笑得前仰后翻。

春节期间我们到大理游玩，路过一家小店，根儿喜欢上了具有浓郁民族特色的花头巾，一定要我们买给他。我们没有明白他的用意，但还是买下了。根儿拿到头巾，立即戴在头上，在大理古镇的大街上，他毫无拘束、充满激情地表演起来，一个桥段接着一个桥段，不愿意停下来。我们看他兴致勃勃不忍打断，孟爸作为配角也加入其中。半个小时后，根儿才过足了表演的"瘾"，继续我们当天的旅程。

当时，学校推荐根儿到一个儿童京剧表演培训班学习。根儿参加了两次之后，觉得枯燥乏味不好玩，不愿意去了，我们也就没有强求根儿继续学习京剧。我认为艺术是为了表达灵魂，如果内在没有激情，还是不学为好；找到有激情的爱好，当玩一样的学，才会成器。后来离开昆明到成都上学，根儿专门让孟爸买了一套《东寺街西寺巷》的光碟，带到成都，每当他想念昆明的时候，会拿出来放一遍。

根儿的表演激情持续了近一年的时间，这段经历带给根儿的成长让我们非常欣喜。我们能够看到他的激情，看到他变得大方开朗，他在表演中学会揣摩角色心理，表演由内及外，神情兼备，这是我们之前没有想到的。在小学阶段，根儿有很多机会在班级里表演自己创作的小品，到了深国交后，我看到过他参加的一次演出，他的表演只有几分钟，却获得了全场喝彩。这个平日里看起来沉默寡言的小伙子，在表演时迸发出来的激情和技巧，让同学们折服了。班主任刘老师告诉我："根屹的这次表演，完全让同学改变了对他的看法，他们这学期都推举他当班干部了。"

我经常看到一些小孩子在舞台上表演，面部表情僵硬，心里唯一想的就是动作不要做错了。这样的恐惧感导致孩子在表演时，内心完全不能够感受到音乐和舞蹈的韵律和情感，没有灵魂的感受和融入，孩子成了完成动作的木偶。

文化敏感期被破坏的孩子

这是一位母亲给我的来信："儿子刚上一年级，由于上学前没强化学习认字，所以识字量不多，而就读的小学属于重点学校，大部分小朋友识字量都很多，所以老师的进度也挺快。我们认为儿子跟得很吃力，英语更没碰过，考试成绩都是中下水平。我担心儿子跟不上大家的进度，于是在家每天教他认字，儿子并不太喜欢。也想让他去上外面的英语补习班，他更没兴趣。我是放任他不管，等到他有兴趣或有自主的意识后主动学习，还是需要适当地引导他，跟他讲讲道理呢？一方面，我担心我们如果总在强调学习，会让他失去学习的兴趣；一方面，又为他的落后的成绩而焦虑，很是为难，不知道该如何是好。"

出现这种状况的孩子不是少数。现在小学一年级的教学内容，对于一部分孩子来说还是有很大的压力。目前，父母需要做到的是：

第一，父母对孩子的帮助不是给孩子讲道理，而是拿出行动来帮助孩子。父母应该每天与孩子交流当天的学习情况，了解孩子在每一科的学习状况，帮助孩子发现当天没有学会的知识，及时辅导孩子完成当天的学习任务。只要每天的学习任务都能够保质保量完成，孩子会慢慢跟上老师的进度。

第二，孩子目前的状况已经落后于同学，父母要接纳这个现实，调整好心态。在帮助孩子的过程中才会心平气和，才能够有耐心等待孩子的进步。

第三，对于6～7岁的孩子来说，如果孩子在学校上了一整天的课，晚上回来妈妈继续教孩子认字，会加大孩子的学习负担，让孩子更害怕学习。只要孩子认真完成了老师的作业，就可以自由玩耍，这样，孩子才会为了获得自由玩耍的机会而认真完成作业；如果没有这点利益，孩子就不愿意认真完成作业了。

第四，对孩子放任不管的方式肯定是错误的。孩子在这样的处境中，非常希望获得父母的帮助，如果父母放弃，孩子也就自弃了。

第五，文化敏感期被成人破坏，会导致孩子进入小学后出现类似的表现。当文化敏感期过去后，要想唤起孩子发自内心对文化的激情，出现自主学习的意识和兴趣，是非常困难的。文化敏感期被保护得好的孩子，对文化渴求的欲望就被保护了下来，这些孩子进入小学后，自然会有学习的自主意识和学习兴趣。

成人对孩子文化敏感期的破坏表现为：

（1）成人在孩子文化敏感期来临前或已经进入文化敏感期后，强行要求孩子学会超越孩子当下认知能力的文化知识。比如，逼迫3～4岁的孩子背大量的英语单词、威逼利诱孩子读写大量的文字。2012年，我听家里的一位亲戚说，她所生活的城市里，孩子从幼儿园升入小学需要考试英语；英语级别越高，孩子进入好的小学的机会就越大。所以，她非常焦虑尚在幼儿园的女儿，将来能否进入一个好的小学，于是，她也加入了给4岁女儿补习英语的大军，每天逼着孩子背单词。

（2）功利地限制孩子对文化的兴趣。比如孩子对书法感兴趣，但父母认为书法对孩子的升学没有用处，从而打压孩子对书法的热爱。

（3）不满足孩子对文化的需要。一些父母和幼儿园老师照搬照抄西方一百年前的教育理念和方法，限制孩子对世界的探索，规定哪些文化范围是可以让孩子探究的，哪些文化知识不可以让孩子探究。比如，当孩子对人体骨骼感兴趣，想探究人体的结构，却被父母和老师阻止。

成人这样的做法会破坏孩子的文化敏感期，孩子对文化知识出现畏难和排斥心理，不再对文化表现出来自生命内部的强烈兴趣。

Chapter 7

在游戏中让孩子爱上数学

每个孩子的生命中都埋藏着天赋的"宝藏",让孩子自由自在地在游戏中玩耍,就是最好的"开发"。

研究数字的热情

根儿1岁多的时候住在外婆家。外婆家在三楼，我每天带根儿去楼下玩耍，回来就利用上楼梯教根儿数数。上楼共有21级阶梯，每上一级阶梯，我们就念出相应的数字；一段时间后，根儿就能够从1数到21了。根儿很乐意做这个游戏。但在这个时期，我没有教根儿认识数字。

2岁半时，根儿快要上幼儿园了。我觉得应该教根儿认识数字了，于是，我给根儿买了一个小书桌，书桌上有从1到10的数字，每天教他认识数字。我发现，用生硬的方式教根儿认识数字时，他完全不感兴趣。恰好这个时候，根儿对汽车表现出极大的兴趣，我决定用车牌号码来教他认识数字。每天晚饭后我就带他去散步，见到小区里停放的车辆，我就上前读出车牌上的号码数字，根儿会自然地跟着我念。这一招果然见效，他在任何地方，只要见到汽车，就会主动读出车牌号码，认识数字的过程轻松而愉快。因为车牌号码前有"云A"或"云B"等字样，我也会教根儿一并读出。就这样，他认识的第一个汉字是云，第一个英文字母是A。

进入幼儿园后，由于幼儿园老师规定父母不可以教孩子认识10以外的数字，也不可以教孩子进行10以外的加减法，我们也就没有教根儿额外的知识。至今我还记得幼儿园大班时的算数作业，只有简单的10道题，全部是10以内的加减法，根儿在几分钟内就轻松搞定。我非常感激当初幼儿园老师的做法，他们保护了根儿对数学的热爱，让根儿对数学有着持续的探究热情。

根儿5岁左右进入了对数字敏感的阶段，喜欢研究数字间的关系。有一天，他从幼儿园回家后在自己的房间里玩耍，我在厨房做饭。晚上我来到他的房间，发现墙上贴着一张纸，上面密密麻麻写满了数字。我仔细一看，是从1至200的数字，数字之间的顺序完全正确。当时我很震惊，幼儿园老师和我们从来没有教过他10以外的数字，根儿怎么写出了200这样的数字呢？看到根儿写出的数字，我欣喜地问根儿："这是你写的吗？""当然啊，我会写！""是老师教你写的吗？""老师教我们写1、2、3、4、5、6、7、8、9、10，如果是11，把10后面的0变成1，就可以了。""老师一直教你们写到200吗？""老师没有教，是我自己写出来的。""如果写到了19，20该怎么写呢？""在2的后面加一个0，就是20了。""你是怎么知道这样写的呢？""我就是知道！"5岁多的根儿虽然理解了数字的关系，却无法用语言表达他的理解。为了印证我的判断，我对根儿说："再写一张好吗？"根儿正在兴头上，立即拿出纸和笔开始写，从1至200，完全正确，这让我感到惊喜！

根儿的小白板上常常留下了他对数字的"研究"，那些数字和图形让人看不明白，我们只当他自己玩耍罢了。这样的"研究"让根儿沉浸在自己的世界中，我们也落得个清闲，可以做自己的事情。

一天，根儿在白板上一阵写画后，突然问我："妈妈，一个苹果平均分成四份？每一份都一样大，其中一份怎么用数字来表达？"我心里一阵吃惊：这不是分数的表达吗！他才5岁半，怎么就研究到这个程度了！我拿过他的笔，在白板上先写下了4，对他说："这个4表示着苹果分成了4份，"然后在4的上面画上了一横，在一横上面写下了1，"这个1代表一个苹果，这样的数字就表示其中一份苹果，它读作四分之一。"我没有给根儿讲解分数的概念，只用他能够理解的语言，简单明了地回答他的提问。看到根儿的眼神里没有疑惑，我知道他已经理解了。根儿在5岁多的时候，就已经在探究用数学语言来表达事物了，这就是一个孩子对数学的天赋。上天给了我这么一个天才孩子，我不敢怠慢他，却无法帮助他，我唯一能够做的就是用心陪伴，不要破坏他的天赋。

　　然而，国内的数学教育没有让根儿的天赋获得长足发展。根儿对数学的探究持续到小学五年级，写出了自己的探索小论文。尽管我和孟爸精心呵护着上天赋予根儿的才能，但是，面对根儿必须进入传统学校接受教育，我们无能为力。直到2012年，20岁的根儿进入剑桥大学后，才明白自己在国内接受的数学教育，彻底摧毁了自己当初对数学的激情。

数学游戏

根儿上小学一年级的时候，昆明的小学还没有开设奥数课，也没有奥数培训机构。而我得到的信息是，孩子将来的升学离不开奥数。于是，我特意给他买了一套《我＋数学＝聪明》，这套书包括小学1～6年级的内容，每个年级各成一册，内容都是一些数学游戏，而不是让孩子做数学题。每天中午放学后，根儿回到家里，因为精力旺盛，吃完中饭后也不午睡。此时，我就与他一起做数学游戏。每天中午做一个游戏后，根儿很快就喜欢上了数学游戏，有时候我还在洗碗，他就自己开始了。

这些数学游戏对于我来说很困难，哪怕是一年级的题目也让我绞尽脑汁。在与根儿玩游戏前，我会提前一天"备课"：书上的每一道题都有答案，这些答案在书的最后，根儿不知道，我提前准备好后，才与根儿一起玩。玩的过程中我尽量让根儿先思考，做一些必要的提示，重要的是让根儿感觉好玩。记得有一个游戏是分西瓜，由于题目有些绕弯，根儿一时不明白如何才能够按照要求来切分西瓜；于是，我抱来一个西瓜，用实物验证，最终，根儿按要求分好了西瓜。一般来说，一个游戏半小时左右就结束了，然后根儿会自由玩耍，我便午休一会儿。上学时间到了以后，我就送他到学校上课。或许，这就是当初根儿的奥数启蒙，这些游戏帮助他开启了发现数学规律的方法和兴趣。

这样的数学游戏持续了一年，根儿上二年级时，就能独自玩数学游戏了，不再需要我陪伴。《我＋数学＝聪明》这套书一直陪伴到根儿小学毕业。到了后期，由于学习时间太紧张，根儿就在假期玩数学游戏。我对根儿也没有硬性要求，游戏不是作业，全凭他自己的意愿。这样的方式保护了根儿对数学游戏的兴趣。

根儿小学阶段的奥数学习一直在学校里进行，没有到社会上的奥数机构参加过任何培训。成外附小的数学老师非常优秀，他们给予根儿的教导和帮助，让根儿的数学和奥数成绩一直很优秀。对于小学生学习奥数，我认为只要孩子有一颗数学大脑（这是先决条件），喜欢探究数学的奥秘并乐在其中，把奥数作为游戏来玩是可以的。如果孩子不具备先天条件，学习数学无比痛苦，那么，强求孩子学习奥数的结果只会是给孩子带来对数学的厌恶和恐惧。根儿的奥数成绩优秀，更多是他的天赋使然。根儿从来不补课，不上补习班，除了学校老师布置的作业，我们没有给他买过任何试题和试卷。

探究与发现

根儿对数学规律一直保持着探究的兴趣。小学五年级阶段,更是他数学灵光闪现的时期。他会主动结合自己学到的数学知识,思考各种数学现象。

五年级的一个假期,我因为出书的事情留在成都,根儿回到昆明和孟爸在一起。一天,根儿给我打电话:"妈妈,我发现了球的运行轨道……"我听不懂这个球的轨迹与数学的关系,于是,我让根儿写下来,等我回到昆明再看。根儿写下了他的发现,同时,这个假期里他还写下了对数学的其他探究。

回到昆明,我一看到根儿的这些"论文",如获至宝,立即加以收藏,保存至今。以下三篇"论文"是根儿小学五年级时对数学的探究和发现。

"论文"一:球的运行轨道

我在玩篮球的时候,发现了不旋转球的运行规律。这个规律就是一个不旋转的球落到地面后会沿什么样的轨道弹起。

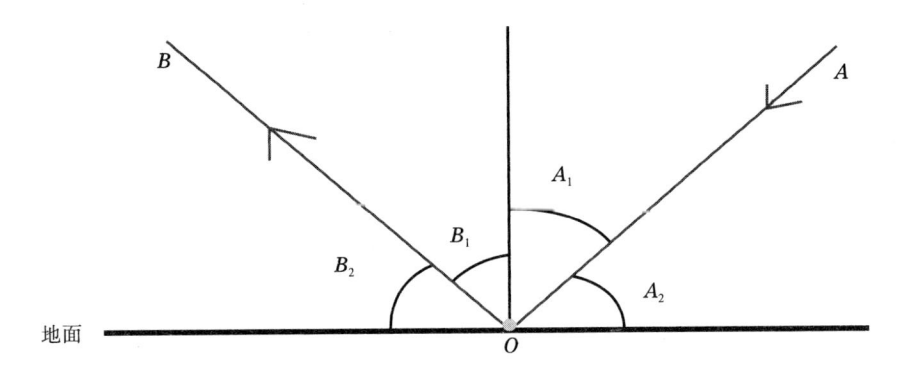

经过反复试验，我发现，如果一个不旋转的球沿着 AO 线，落到了一个水平面中的一个点（图中的 O 点），如果球没有受到任何阻力和外力，那么，这个球将沿着图中的 OB 线弹起。

我是这样想的：先假设球沿着图中的红线落到了一个水平的地面，找到它的落点，以这个面为基准，从这个球的落点中心引出一条垂线，球落下的轨道与这条垂线呈 A_1 角，球弹起的轨道和垂线呈一个 B_1 角，由于 A_1 角与 B_1 角的角度相等，所以球就会沿着图中的蓝线弹起。

这是为什么呢？其实我也不知道。

"论文"二：计算多边形内角角度之和的规律

我在对图形的研究中发现了计算多边形内角之和的规律。这个规律就是：设任何一个大于3的自然数为 A，任何一个不为0的自然数为 B。不管 A 是多少，B 总是比 A 小2。只要 A 边形的 A 减去2得到 B，就能知道这个 A 边形能分成 B 个三角形，但划分出来的三角形的三个角必须都是来源于 A 边形本身的角。大家知道，三角形的内角和为 $180°$。只要知道了有几个三角形，就用 $180°$ 乘以三角形的个数，就能算出这个多边形的内角之和。

比如一个不规则的四边形：

用四边形的边数减2，就可以知道有几个三角形，即：4-2=2（个）。也就是说，它最多能划分出2个三角形，有以下几种分法：

这个不规则的四边形的内角之和的计算为：180°×（4-2）=360°

下面这种分法是不对的，因为划分出来的三角形的有些角不是取自于这个多边形的角，而是由划分的线条构成的。

比如五边形：

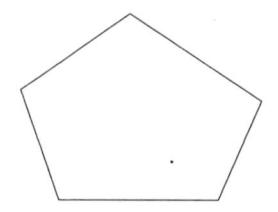

5（图形的边数）-2=3（个），由此可见，这个五边形可以划分出3个三角形，如下图：

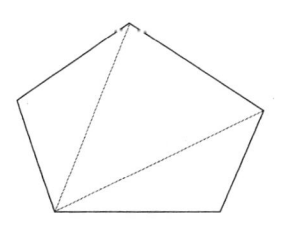

五边形内角之和的算式为：180°×（5-2）=540°

当然，下面这种划分方法是不对的。

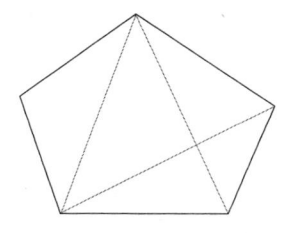

又比如六边形：

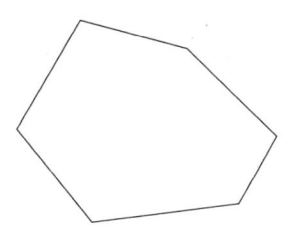

可以划分出的三角形个数为：6-2=4（个）。可以划分出以下几种：

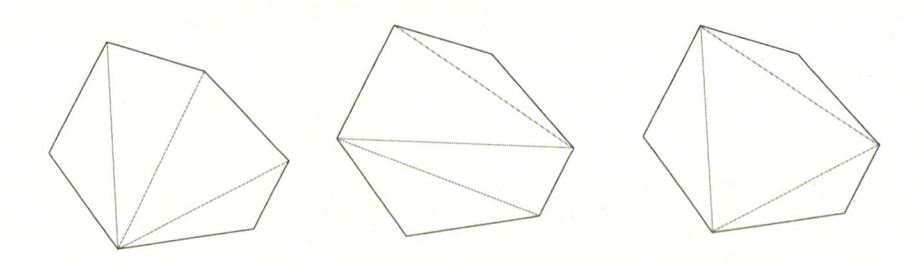

六边形的内角计算算式为：180°×（6-2）=720°

当然，下面这种划分方法也是不对的。

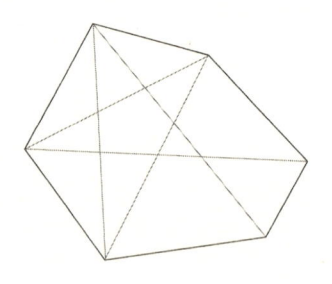

通过上面的方法，计算多边形内角之和的公式为：180°×（A-2）=A边形内角之和。

利用这种方法，即使更大的数，也能算出来！

"论文"三：计算任意两个偶数的最小公倍数的简便方法

我发现了求任意两个偶数的最小公倍数的巧妙方法。

这个方法就是：（1）先列出要求最小公倍数的两个偶数；（2）用两个数中的较大数Y减去较小数Z，得到一个偶数A；（3）用较小数Z除以A，得到B；（4）用较大数乘以B，就得到了这两个数的最小公倍数。

例如28和24这两个数，就用28减去24得4，再用24除以4得6，最后28乘以6得168，168就是24与28的最小公倍数。

又例如这两个数是16和18，就用18减去16得2，再用16除以2得8，最后用18乘以8得144，144就是16和18的最小公倍数。

可这种方法很局限。因为常常遇到两个偶数中较小数无法整除两个数的差（第二自然段中所讲的A）。比如说22与4，4就无法整除它们的差18。所以，我又发现了一种更实用的方法。

这种方法就是：（1）同样，先列出要求最小公倍数的两个偶数；（2）也用两个数中的较大数Y减去较小数Z，同样，得到A；（3）找到较小数Z与A的最小公倍数C，就可以用$Z \times A \div 2$或$Z \div 2 \times A$来找C；（4）用C除以A得到D；（5）最后用Y乘以D就可以得到Y与Z的最小公倍数。

比如这两个要求公倍数的偶数是32和26，就用32减去26得6，用26乘以6再除以2得26和6的最小公倍数78，再用78除以6得13，最后用32乘以13得到416。416就是32和26的最小公倍数，经验算发现结果是正确的。

又例如求22和26的最小公倍数，就用26减去22得4，用22除以2再乘以4得22和4的最小公倍数44，再用44除以4得11，最后用26乘以11得到286。

因为根儿在假期不用做老师布置的作业，处于自由玩耍的状态中，他可以"放空"自己，然后对自己感兴趣的事物进行思考和发现。我一直认为孩子在假期的放空，对独立思考和发现自己内心的兴趣是非常重要的。这些"论文"我没有请数学老师加以验证，也不知道根儿的论证和推理是否正确。我认为这并不重要，重要的是根儿具有的科学精神和探索热情，这是他生命中最为宝贵的品质，也是他将来成为科学家的基础。

七巧板、魔方和九连环

在小学阶段，根儿喜欢玩七巧板和华容道之类的智力游戏，经常一个人在房间里对着游戏思考。只要根儿提出买这些智力玩具，我们都会支持。玩具本身不贵，根儿还能从中获得很大的快乐。家里的七巧板游戏就有多种不同的版本。

一天，我们到成都的锦里游玩。锦里有许多小摊，其中有一个小摊是卖智力玩具的，在摊位上有一个七巧板提供给顾客玩。根儿被吸引到这个摊位，看了一下这个七巧板，很快就搞定了每一个形状不同的小木块，让这些小木块组合成一个正方形。摊主见状，惊喜地对我说："你儿子太聪明了，这么短的时间就能够拼好，好多大人都拼不出来！"

高中阶段，根儿对魔方表现出极大的兴趣。那个时候我们住在深圳，他经常去一家专营魔方的小店，买回各种魔方玩。有时候他会在电脑里看一些魔方比赛的视频或者在网上查看魔方的解法。根儿学习玩各种形状的魔方，有一次他到小店去买了一个新的魔方，在地铁上就搞清楚这个魔方的玩法，回到家后已经会玩了。在一个假期里，老师布置的假期作业是自拍一段视频，内容由学生自己决定。根儿决定拍摄关于魔方的视频。他把一个五阶魔方全部拆散，魔方变成了100个小零件，然后开始组装，恢复魔方原来的原状，这个过程我全程拍摄了下来，作为作业上交给了老师。这个假期里，根儿热情地教我玩魔方，反复给我讲解魔方的原理，我始终不能够领会，终究没有学会。根儿感叹："妈妈太笨了！"

一次逛超市时，根儿买了一个九连环。他告诉我，九连环属于高智力游戏。走出商店后根儿忍不住打开包装盒，拿出九连环摆弄着，五分钟不到，他就开始给我展示如何把这些一环扣着一环的九连环解套。我很吃惊："这些看起来根本不可能解开的套，你是怎么做到的？""我也不知道，一看到这个，我的大脑里就会有一张图出现，照着这张图我就解开了呗！"根儿调皮又得意地说着。

有一位家长给我来信说："胡老师，您好！你前些日一篇关于数学学习的文章中提到你儿子'玩华容道脑子里就能推算步骤，解扣也是脑海里有画面'，这是特别好的表象能力，请问如何对3～6岁的孩子开发训练这种能力呢？"其实，我们从来没有对根儿进行过这方面能力的训练，也不懂得如何训练孩子的表象能力；我认为这是根儿天生的能力，是天赋。我们只是跟着他的发展步伐，他喜欢玩什么游戏，我们就配合满足他，保护了他这样的能力。让孩子自由地玩这样的游戏，就是最好的"开发"。每个孩子生命里的宝藏不一样，如果孩子生命的宝藏中，没有这块"矿石"，我们是无法开采到的；如果有这样的矿石，孩子会在自由的玩耍中呈现出来，关键看父母能否发现。

用数学敲开重点中学的大门

根儿的数学成绩一直属于年级的尖子学生。在他小学五年级时，因为"非典"的影响，我把他送回了昆明。根儿几乎一学期没有上课，既没有请人在家里教，又没有在家里做一道练习题。到了期末，我让根儿回学校考试，他的数学成绩居然是年级第一。老师们都说："这个孩子太厉害了，那些上课的孩子都考不过他，他以后真的可以不上学了！"根儿告诉我："妈妈，数学书上的内容我可以几天就看完，而且我都懂，那些题目我都会解。"我觉得根儿那个时候已经掌握了数学的规律，无论是否做练习题他都知道如何解题了。

六年级时，为了保证更多的学生顺利考入成都外国语学校，也为了奥数竞赛获得好成绩，学校将六年级每个班级里的数学尖子挑选出来，成立了数学尖子班。根儿进入尖子班后，每天要做大量的数学习题和奥数题目；晚上10点下晚自习以后，老师还会给学生布置一些作业，让学生当晚完成。得知这样的情况后，我立即出面找到老师，要求老师准许根儿不做夜间作业，最后免去了根儿10点以后的作业。

根儿从成外附小升入成都外国语学校的初中，并不是很困难。但是，如果想要获得奖学金并提前被录取，必须有非常优异的成绩或者数学特长。根儿的语文成绩会拖累到总分，依靠总分获得奖学金会比依靠数学特长获得奖学金困难很多。我和根儿分析了情况后，决定把重点放在数学上，让根儿发挥长板效应，避开短板。

在这一年，根儿参加了全国小学生奥数竞赛，获得一等奖；华罗庚数学竞赛获得二等奖。由此，根儿获得了参加成都外国语学校数学特长生考试的资格。成外附小有50多个孩子获得数学特长考试资格，最后，只有4个孩子被成都外国语学校提前录取。这4个孩子中，根儿的考分第一。根儿被提前录取了，还获得了一等奖学金33 000元。由此，我们在这所学校3年的学费只需要交15 000元。这所中学就是当年哈佛女孩刘亦婷的母校。

进入初中后，根儿直接被分到了实验班。实验班的数学课堂里常常是超出课本的知识、奥数和大量的数学习题；数学课本上的知识，基本都是学生自学。当然，这难不倒实验班的孩子们。根儿初中三年常常表现出对学习的厌倦。每天早上6点半起床，7点到学校学习，晚上10点半才回到家里，身体和心灵都备感疲倦。有时候，看到根儿不快乐，我也无能为力。我能够给予根儿的就是做他喜欢的饭菜，保证他的营养，周末两天都让他睡到中午才起床。我们都期盼着早点结束三年的学习。

获得国际数学和化学竞赛奖项

根儿的高中阶段是在深国交度过的。这所学校采用英国A Level课程体系，这个教学体系的数学学习对于根儿来说非常简单。根儿告诉我："妈妈，我高中的数学学习难度只相当于我小学六年级时的难度，简直是太简单了。"在深国交的第一个学年期末考试中，根儿的数学就获得年级并列第一的成绩，学校为根儿颁发了奖状和水晶奖杯。在深圳国际交流学习的4年中，根儿数学成绩一直非常优秀。在参加英国剑桥考试委员会组织的A Level课程体系国际考试中，根儿的数学、物理、化学、生物都取得了顶尖的成绩，生物和数学还获得了中国考生第一名。

深国交每年都会组织学生报名参加加拿大滑铁卢大学的数学竞赛。国际竞赛对根儿来说不难。第一次参加数学竞赛前，他去书店买了一本国内的初中奥数竞赛练习题集，随意翻看了一下。我当时不知道他看这类奥数书籍的目的，问过之后才知道是为了国际数学竞赛做准备。在2009年和2010年连续两年参赛并获奖以后，根儿对国际竞赛失去了兴趣。2011年他不再报名参赛。他告诉我："参加这些竞赛很容易拿到大奖，我觉得没有什么意思，不想参加了。"

根儿参加的竞赛与获奖如下：

2010年获得了加拿大滑铁卢大学海佩蒂雅数学竞赛[①]金奖；

2009年获得加拿大滑铁卢大学伽罗瓦数学竞赛金奖；

2010年获得加拿大滑铁卢大学阿伏伽德罗化学竞赛中排前5%；

2010年获得加拿大滑铁卢大学欧几里得数学竞赛[②]前25%。

[①] 海佩蒂雅数学竞赛（Hypatia Mathematics Contest）为加拿大全国性数学竞赛，由滑铁卢大学举办。竞赛在每年4月中旬举行，共4道题，比赛时间为两个半小时。竞赛不仅考查了学生的数学专业能力，对学生的写作和表达能力也是一种检验。其中，游戏题最让人头疼，它要求学生把游戏数学化，知道如何找序列的规律，如何把特例推广到一般情况。比赛对学生的学术能力、分析能力以及战术策略能力进行了多方面考验。

[②] 欧几里得数学竞赛（Euclid Contest）的成绩已经成为加拿大滑铁卢（Waterloo）大学数学学院各专业以及"软件工程"专业入学录取的重要指标，更成为学生申请该学院奖学金的重要考核标准，被誉为类似加拿大"数学托福"的考试。

国内数学学习之殇

2012年10月，根儿进入剑桥大学学习生物专业，在听了剑桥大学数学老师的讲座并与学习数学专业的同学交流后，对自己曾经错误的数学学习方式感到痛彻心扉。他多次与我们在视频中谈及他在国内的数学学习，国内数学课堂的教学模式和繁重无趣的数学作业，让他对数学建构的概念是"计算""答案正确与否"。尽管他的数学成绩很好，但是，在申请大学的准备过程中，他完全没考虑过数学专业。现在他才恍然大悟，明白自己所具有的天分是数学，为自己当初的无知痛悔，几度落泪！

在与根儿的视频对话中，我能够感受到他在发现自己的天赋被耽误后的心如刀绞，那种刻骨的疼痛无法用语言描述。我竭尽全力二十年，希望保护他的天赋；此时此刻，我有了二十年心血化为乌有的感觉。我以自己微弱的力量抗争着扼杀孩子天赋的强大教育体制，只有深深的无力感。在这里，我记录下了根儿流着眼泪说下的话语：

"妈妈，我现在才知道，我的天赋是在数学方面。我在小学的时候学习奥数，我读完题目，不用拿笔画图或计算，题目中那些球的运动轨迹全部会呈现在我的大脑里；在我的大脑里，我会把自己变成其中一个球，然后经历题目中的过程，就可以直接得出答案。那些智力游戏，比如华容道，我很快就能够知道那几个木块该如何弄出来了；九连环，我拿在手里，很快就能够在大脑里出现一幅图形，几分钟我就知道该如何解开这些连环；还有魔方，无论几阶的魔方，我都可以很快知道如何复原它。我一直以为这些智力游戏就是用来消遣的游戏而已,不知道这些游戏里深藏着数学的逻辑和奥秘,直到今天我才明白这一点。当初,如果有一个人告诉我:'你玩魔方、九连环、华容道、七巧板的构思可以用数学语言来表达。'我就会发现数学的另一番天地,发现数学的另一个世界,一个真正的数学世界!可是,没有一个人告诉过我这些游戏就是数学。我喜欢玩这样的智力游戏,现在才知道这是我对数学的激情、天赋和热爱!

"曾经,在小学和中学学习数学时,老师教我们数学就是做题,算出正确的答案,没有让我发现数学的乐趣,也没有告诉过我数学是逻辑的高级表达形式,只是每天不停地做题做题做题。妈妈,当时你也对我说要多做题,熟能生巧。我不喜欢反复计算那些无用的答案,我喜欢动脑筋思考和发现;但是,老师没有带领我发现数学的奥秘,没有发现我的天才和激情所在就是数学。他们的教学方法和要求让我越来越不喜欢数学。只有我小学六年级遇到的何老师,他告诉我们要用自己的方式来思考,不要死记公式来做题,这给了我很大的帮助。但是,我在初中参加全国数学竞赛,考试完后对答案,我都正确,但只得了个二等奖。我想不通,现在我明白了,我的解题方式可能没有被老师接受,他们要我的解题方式和标准答案的步骤一样,结果我的独立思考被扣分!后来,我把那个二等奖证书扔进了垃圾桶。"

不曾想到,二十年来,我无时无刻不在竭尽全力地保护着根儿的天赋和探索的激情,然而,我的能力有不能企及的地方,在中国教育体制这个大环境下,有时候,我也不知不觉成为毁灭孩子天赋的帮凶!

我的心与根儿一样痛。我问根儿:"那么,你到了深国交后,数学的学习让你发现了自己的天赋吗?"根儿说:"我进入深国交后,曾经对数学的反感导致我刻意回避数学,不再想重复曾经那种机械无趣的计算。深国交的数学学习对于我来说很简单,也没有怎么用力就能够有好的成绩;但是,我也没有发现数学的乐趣和美感,这也许是我自己刻意回避数学的原因。妈妈,你多次说过我是一个数学天才,让我考虑一下将来学习数学专业,但我自己就是在回避，不想再重复那种痛苦的感觉。"

是的，当我们体验过受伤害的感觉后，就会刻意回避这样的伤害再次发生在自己身上，回避再次体味到那种伤害的感觉，这是人类自我保护机制的作用。

"我的同学在剑桥大学数学专业，他们老师教他们如何用数学的语言来表达魔方的逻辑；他们这个学期就在学习魔方，下个学期还会学习密码。我们现在使用的银行密码、上网密码、部队使用的密电码都是数学。同学的数学作业很有趣，我每次和他们在一起，他们会有很多有趣的数学话题，让我内心很激动。我会不停地思考他们的数学题，我的大脑无法停止这种思考，我的激情在数学，但是，我却没有学数学专业！"根儿挥舞着拳头，充满了悔恨和愤怒。他是一个很理智和冷静的孩子，很难得如此激动地表达自己。

根儿："中国学生很难在数学专业取得极其优异的成绩，因为中国学生的数学是做题，不是训练逻辑能力、思考能力和发现能力。人们常说外国学生的数学成绩不好，那是一个误区，是用我们这种错误的判断标准去判断外国学生的数学能力。中国学生刚进入剑桥大学，看上去成绩不错，渐渐地就会出现落后于外国学生的情况——中国学生的长处是计算而不是逻辑能力和发现能力。在这一点上，我们的小学和中学的数学教学方向有很大的问题。我在剑桥见到了以前深国交的前辈，当初他从深国交考到剑桥读数学专业，现在他在剑桥读数学专业的博士，还带学生；在剑桥数学专业能够学得很好的人中，他是为数极少的中国人。在剑桥大学数学专业，有数学天才的学生学习起来很轻松，他们很会玩，还能够取得好的成绩。他就是这样的人。妈妈，如果我当初学习数学专业，我也会像他一样，是一个学习轻松成绩又好的学生！"

孟爸："你学习生物专业也不会浪费你的天赋啊！"

根儿："我所具有的天赋要刚好对准我的学科，这样才是最好的组合，没有一点的浪费。现在，我学习生物专业，也许我以后会有成就；但是，我现在学习生物的激情就是没有学习数学的激情那么高。这样的激情是天生的，不是我刻意的。"

儿子的话语让我的心很痛。人类最大的浪费就是浪费人的天分啊！如果说浪费就是犯罪，我们是否正在对人类犯下滔天的罪行？

至今，我们的学校教育模式仍然在摧毁着天才们对数学的热情。

这是一位母亲给我的来信："说一说我儿子的亲身经历吧！儿子小学因为成绩好跳级，三年级跳到五年级。数学老师专门找到我，要求我让孩子学奥数，她说我儿子是她教学生涯中遇到的数学天赋极高的孩子。于是，儿子五年级开始学奥数。他不负众望，半年下来就在学校名列前茅，获得全国奥数竞赛深圳赛区第二名，六年级时获得亚洲地区赛金奖。由此，儿子毫无悬念进了当地最好的一所中学的竞赛班。然而，就这样一个数学苗子，在随后三年枯燥的训练中对数学彻底失去了兴趣，即使拿奖他也不高兴。儿子说学数学就是做题、做题、做题，没有一点意义。就这样，儿子高中放弃了参加数学竞赛，也放弃了那所有名的中学；现在他在深国交读高中，比以前也快乐了。"

如何保护孩子对数学的兴趣

只要我们保护好了孩子对数学的激情，就是在保护孩子的数学天赋和兴趣。

记得在根儿4岁左右，我看过一个央视记者到美国一所小学采访的节目。在美国一所小学4年级的课堂里，孩子们在学习一堂数学课。课堂的内容是加法，老师简单讲解之后，孩子们分成了两人一组，开始练习加法。每一组孩子有一个计算器，一个孩子任意地出题："5加7等于几？"另一个孩子说出答案，出题的孩子立即用计算器看答案是否正确，如果正确就继续往下进行；如果答案错误，答题的孩子会看一下计算器里显示的答案，确认自己答案的错误，重新修正答案。五次以后，两个孩子交换角色。教室里孩子们认真有趣地做着练习，直到下课。孩子们练习的题目都非常简单，现场拍摄的央视记者感叹道："这些题目，我们小学一年级的孩子，不用计算器都能够算出来，而且还比美国孩子快！"

我在写到这个章节时，刚好在电视上看到一个中国女孩痛苦不堪地背乘法口诀的视频。视频里，6岁左右女孩一边流着泪，一边哽咽着背诵乘法口诀："一五得五，二五一十，三五四十五……"画面外立即传出女孩妈妈一阵愤怒的吼声："错了！三五是多少？三五是一十五！重来！"女孩开始大哭："哇哇哇……一五得五，二五一十，三五四十五……"画面再次传出了妈妈的怒吼声："错啦！还是记不住吗？三五一十五，再来！"女儿边哭边说："我记不住啊，我记不住啊，三五就是四十五，呜呜……"这个时候，画面里传出爸爸的声音："倍数，是倍数啊！"女孩开始号啕大哭："哇哇哇……我就是记不住啊，一五得五，二五一十，三五四十五……"

看到这段视频，想起了根儿学习乘法的时候，他没有死记硬背口诀，而是自己探索着乘法中数字间的关系。一次，他在小白板上写了一些数字，然后问我："妈妈，2乘以2为什么得4？"我告诉他："2乘以2的意思是有两个2相加。""那2乘以3就是有3个2相加了，是吗？""是的。"根儿很快便用自己的方式理解了乘法口诀。如果视频中女孩的父母懂得让孩子去理解"3乘以5"中3与5的关系，孩子即使记不住乘法口诀表，也能够按自己的理解算出答案。等到孩子熟练后，自然能够掌握乘法了。

在我们的家庭教育和学校教育中，还有多少孩子在遭受口诀女孩的苦难？还有多少孩子在面临天赋和兴趣的被破坏？最近，一位妈妈说到自己的女儿每次在进行数学听算（听到题目后心算出答案）的时候，都是边哭边完成老师布置的作业。我在想，这个女孩和口诀女孩一样，将来一定害怕数学。在漫长的学习阶段，她们的数学将会成为她们学业的灾难。如果她们不是数学天才，她们会挣扎在学业成绩的灾难中；如果她们是一个数学天才，她们会像根儿一样，逃避数学曾经带来的痛感，将来有一天，也会像根儿一样，痛悔自己的天赋被人为破坏！

教育改革进行了多年之后，孩子们的负担有增无减——这些负担更多来自心理层面。来看一位妈妈的经历："我们孩子的学校规定：二年级的学生必须要在5分钟内口算出100道数学题。我的孩子感到非常恐慌，如果不限定在5分钟之内，这100道数学题完全能做得很好；可是一旦限定了时间，他就做得一塌糊涂。他说自己心慌得厉害。"这样的经历让孩子的数学天赋与恐慌感紧密联系在了一起；孩子面对数学，会逃之夭夭。

很多年前，一群美国学生来中国学校参观。中国孩子们展示了自己的心算能力，这让美国孩子望尘莫及。他们在惊叹中国孩子心算能力的同时，疑惑地问："为什么不用计算器呢？"根儿在深国交学习时，数学考试可以带计算器，老师会告诉孩子们要买什么标准的计算器才能够应对考试的要求。现在，对于从幼儿就开始的珠算、心算训练，除了让孩子做计算器完成的事情，还能够给孩子带来什么有益的发展呢？再来看那所美国小学四年级的数学课，起码没有让孩子反感数学，起码没有让那些有数学天赋的孩子，将来刻意回避数学，回避那些不愉快的感觉。孩子数学能力的发展也如同其他发展一样，不被成人干扰和破坏。如果成人的做法让孩子对数学感到恐惧，并由此产生自卑和自弃，孩子的数学兴趣和能力都将遭到破坏。

父母和老师被称之为教育者。教育者的智慧就在于发现和保护孩子的天赋，这也是教育者的天职。可是，我们这些被上天赋予了天职的教育者，却对孩子做尽了破坏天赋的事情。教育的最高境界是"天人合一"。我理解为：上天赐予孩子的天赋，在教育者的引领下能够尽情发挥，为人类自身造福。

Chapter 8

不急不躁，每个孩子都能学好英语

尊重孩子的认知发展规律和英语学习规律，就是对孩子最好的帮助。

无意中的胎教

我刚怀上根儿不到一个月时,就遇上了云南省医疗系统举行的英语考试——所有公立医院的医生必须参加。我当时在昆明市儿童医院做医师,这次考试关系到我未来的工作,必须认真对待。

由于在孕早期出现了严重的先兆流产症状,怀孕的第二个月我便住进医院保胎。此时,我已经被医生限制活动,每天几乎都是待在病床上度过——这为我学习英语提供了充裕的时间。在中学阶段我对英语喜爱有加,最大的梦想是做一名翻译,由于父亲的反对,最终我放弃了英语,转而选择了医学专业。但是,我对英语的痴情没有改变,在医院里我制订了每天的学习计划:输液时我背诵英语课文,治疗结束后我就查字典、做作业。病床上的英语学习让我很享受,成为我在医院消磨时间的最好方式。在医院里住院保胎一个半月后,我回到了家里静养,活动范围也仅限于家里的客厅,学习英语依然是我消磨时光的最好方式。怀孕6个月时,全省医疗系统英语统一考试的时间到了,孟爸把我送进了考场,最后,我顺利通过了这次考试。

因为这段英语考试的插曲,根儿生命形成的早期就感受了英语的熏陶。或许,这就是我无意中对他进行的英语胎教。

6岁前对英语的热情

根儿2岁半前主要生活在成都我父母家里。外公喜欢看电视，根儿每天也跟着看。根儿1岁半左右的时候，电视里正在播出一档帮助成人学习英语的节目——"走遍美国"，一旦外公调台时出现这个节目，根儿就会要求不要换台。因为他还不会说话，就用哭的方式让外公明白他的需要。外公很快就理解了根儿，每当到了"走遍美国"的节目时间，外公就把电视让给根儿看，而根儿每天都会坚持看完"走遍美国"才让出电视给外公。这个节目播出了长达一年左右的时间，根儿对这个节目一直保持着高度的兴趣。当时，我们都会感到奇怪，这个连母语都还没有学会的孩子，怎么对英语有如此浓烈的兴趣？现在想来，可能是胎教的原因吧！

根儿2岁半的时候回到了昆明。我意识到要培养他的英语能力，便买了两盘幼儿英语磁带，用家里的一台录音机放给他听。这两盘磁带的内容包括了非常简单的日常生活语言和幼儿英文歌曲，根儿非常喜欢。根儿很快学会了使用录音机，他会在磁带放完一面后，自己操作将磁带翻面。那个时候常常见到他独自坐在地板上，反复放着磁带听英语，有时还会跟着录音机读上几句或唱一段英文歌曲，这样的情景会持续一个小时以上。就这样，根儿跟着录音机学完了幼儿英语的第一册和第二册，他能够背诵两册书中的所有单词和课文。

每当根儿沉醉在他的英文世界里时，我们从不打搅他，更不会对他进行英文的"考核"。当时我们只是想轻松一点，只当录音机和英语是他的玩具，他在独自玩耍时我们正好可以偷个懒，这让根儿对英语的喜爱非常单纯。因为根儿晚上睡觉太晚，睡前阅读结束后，我就放英语磁带给他听。后来，他养成了每天晚上要听上半小时的英语才睡觉的习惯，这样的习惯保持到了上小学。

英语磁带中通常是汉语在前、英语灾后的语言格式，比如教孩子说苹果和香蕉的英文单词："苹果—apple""香蕉—banana"。根儿听了一段时间英语磁带后，开始见到家里的每一个物品都要问我："这个用英语怎么说？"连每顿饭吃的每一种菜都要我用英文报出菜名。这下可苦了我和孟爸，我们俩都不精通英文，只好到书店买回一本厚厚的汉英词典。每当根儿问到某个物品的英文时，如果我们也不确定，就立即求助词典，以此来满足根儿的需要。然而，无论我与孟爸如何积极应对，依然不能够满足根儿，他仿佛在竭力寻找他的母语一般。半年后，根儿对我们的英语水平失去了信心和耐心，渐渐地不再求助我们了。我眼睁睁地看着他失去了用英语会话和交流的最佳发展时期。

虽然我们无法满足根儿对英语的要求，但是，由于我们没有对他的英语兴趣进行功利性的破坏，所以，他对英语的热情丝毫没有减弱，他开始在自己不太熟练的汉语中夹杂英文单词。这个时期，根儿说出来的一段话出现了汉语和英语的混搭。周围的人以为他是从国外回来的孩子，很多时候我都要充当他的"翻译"。我和孟爸没有对根儿混搭的语言进行过干涉和纠正，任由他用自己的方式表达。

一次，我们和朋友一家带孩子到公园游玩。朋友带着根儿和他们的女儿去玩电动车，每个小朋友都可以选择一辆电动车驾驶。我和孟爸当时有事情耽误了一下，等我们来到电动车处，看见服务员正在让根儿上一辆红色电动车，根儿着急地对服务人员说："我要yellow车，不要red车，不要red，不要red！"朋友和服务人员都一脸茫然，不知道他在说什么。我立即上前，告诉他们根儿要黄色的车，他们才恍然大悟。根儿高兴地开着黄色车玩去了。朋友笑着说:"他怎么会一半中文一半英文地讲话啊!搞得我们不知道他在说什么。"

有一次,根儿生病后到医院输液。当护士将针头扎入血管后,血液从针管倒流了出来,根儿立即大声叫道:"red出来了,red出来了!"护士不知道根儿在说什么,我告诉他:"根儿说红色的出来了。"护士吃惊地问:"他是刚从外国回来的吗?"我不想解释太多,笑着说:"是啊!"

根儿上幼儿园中班后,幼儿园开设了英语课,正好帮助他延续对英语的喜爱。每天从幼儿园回家,根儿依然主动听英语磁带。当时,幼儿园的英语教学非常简单,老师也没有给孩子任何压力。根儿很喜欢背诵英文课文,回家后会将他学到的课文背诵给我听,每一课从单词开始,到简单的句子,再以一首短小的儿歌结束。因为根儿能够很快记得老师教过的内容,老师让他担任了班级的英语小老师,帮助小朋友学习英语。这让根儿感到很快乐,学习英语的积极性更高了。

5岁的时候,根儿开始学习钢琴,我们每个周末都会乘车一小时到钢琴老师家里学习。在车上,根儿将背诵英语教材的内容作为玩耍的方式,从第一课到第二十课,共20页,一字不落地全部背诵出来。在车上的一个小时里,他会兴致勃勃地反复背诵整本书。他用这样的方式打发在车上的时间,非常享受这个过程。我和孟爸感叹着他超强的记忆力,为了保持他的兴趣,我们成为他忠实的听众,这样的车上背诵情景持续了近一年的时间。

也是在根儿这个年龄阶段,中央电视台播放了一档针对小学1~6年级孩子的英语节目。这档英语节目由鞠萍和几个孩子演绎,用情景剧来表达,配有动画,节目里生动活泼的教学方式很吸引孩子。这档节目还配有一套相应的英语教材。根儿无意中发现了这档节目,每天从幼儿园回家后,坚持在下午六点半准时收看。我和孟爸正好在这个时间做饭,于是任由他看这个节目,从不打扰他。

在收看这档节目两周后,有一个周末,根儿提出要我们带他到书店买节目中使用的英语教材，他需要教材跟着电视学习英语。我们带他到书店买了一套教材之后，才对这档节目有了具体的了解。之后，每天下午六点半至七点，根儿看着教材认真跟着电视学习英语，从一年级的教学内容一直学到六年级的教学内容。这个节目持续了一年多时间，他也一直跟着电视节目学习直到节目全部结束。在此期间，我和孟爸从来不问根儿学到了什么英文知识，我们只当这是他的玩耍方式之一。他只要有事情做，我们就可以有时间休息或做家务。

在根儿6岁以前，我们跟随着他对英语的热爱，亦步亦趋，小心呵护着他的英文敏感期，不对他的英语兴趣有任何功利之心，更不要求他的英语到达什么程度，只是让他跟随自己的兴趣"玩"英语，保护着他对英语的热爱。

小学阶段的英语学习

根儿上小学后，在1～2年级阶段，学校的英语教学内容非常简单，教学形式也很枯燥，这与云南的英语教学落后有着密切的关系。根儿在学校里每学期就学习几个单词，考试也非常简单。一年级期末考试就考了5个单词的读音，这种简单的学习方式虽然让根儿在英语知识方面收获很少，但没有伤害他对英文的兴趣，反而让他对英文产生了"饥渴感"。

每天送根儿上学时，经过翠湖公园，我会教他说一些单词，比如，看到树我会指着说"tree"，看到花我会指着说"flower"。一段时间后，根儿很愿意用英语表达他看到的事物。半年后，我担心自己的发音不标准，会误导他，于是就不再教他单词了。

为了弥补根儿学校英语教学的不足，我给根儿报名参加了一个由一对美国夫妇开办的英文兴趣班。担任教师的是丈夫大卫，有一个中国女老师做助教，大卫怀孕的妻子负责管理补习班日常事务。根儿每周六和周日要到兴趣班上两小时英文课。大卫的课堂为全英文教学方式，风趣幽默的课堂教学融入了很多游戏和小短剧，根儿很喜欢。班级里共有15个孩子，只有一个和根儿年龄一般大小的女孩，其他都是小学高年级的孩子。每周六上课结束时，老师会布置10个单词，在周日上课时听写。根儿和小女孩每次都完成得最好，常常受到大卫的表扬。根儿在这个英文班学习了两年，转学到成都之后，他再也没有去过任何兴趣班上课。

小学三年级时，根儿来到了成都外国语学校附属小学（成外附小）。在这所学校里，每个班级只有40个孩子。上英语课的时候，孩子们就分为了AB两个小班，分别由两位英语老师教授，分班的方式不按照成绩，是随机分配的。由于班级里学生少，每个孩子课堂练习的机会明显增加，老师对每个学生的关注度也明显增加。在英语课堂里几乎是全英文教学，老师尽量不说中文，这样的方式对孩子学习英语有很大的帮助。学校的英语教学自成体系，对学生的要求也很到位。比如，学生每周要完成新课文的背诵，每天的晚自习都会有英语老师值守，如果学生已经准备好，就可以主动找老师完成课文背诵。学生在背诵课文的时候，不但要流利，还有语音语调的要求。学生的发音要英国式，如果语音语调不达到要求，再怎么流利也不能够过关，有的孩子要反复多次才能够过关。老师会记录下学生每一次课文的过关情况作为平时成绩。根儿来到这样的学校无疑是满足了他对英文学习的渴望。韩志军老师对根儿的帮助让他找到了自信，根儿的英语进步非常快，在班级里常常保持着第一名的位置。韩老师也常常向我夸赞根儿："他真是太聪明了！接受能力非常强，语感也非常好！"根儿在这所小学里打下了非常扎实的英语基础。

在小学阶段对英语语音的要求，让根儿的英语发音保持了正宗的剑桥语音。在剑桥大学学习期间，老师们误以为根儿是在英国长大的孩子。2016年6月我们来到英国参加根儿的剑桥毕业典礼，期间根儿带我们去大英博物馆参观。休息的时候，我们在博物馆休息区喝茶，坐在一旁的一对英国老夫妻和我们聊起天来。老夫妻问根儿："你是在英国长大的吗？你的英文说得非常好啊，不像是从中国来的。"

初中阶段的英语学习

进入成都外国语学校读初中后，根儿被分到了实验班。英语教学依然是随机分为两个小班进行，每个小班25个孩子。根儿非常幸运地遇上了这所学校最好的英语老师。年轻的张老师曾经在全国中学英语教师教学竞赛中获得第一名，很多学校内部的老师都想把孩子送进她的班级。我是后来才知道这位老师的，禁不住感叹根儿的运气好！

刚进入初中阶段，由于学生的英语程度不一，老师需要从每一个字母的发音和音标开始教学，强化学生英语发音的音准。根儿开始抱怨英语课堂浪费了他大量的时间，他希望学习难度更大的知识，这段时间又让根儿陷入了对英语的饥渴状态。此时，我找到了张老师，和她谈了根儿的情况。老师非常理解，她建议根儿在课堂里看一些英文书，不必跟着她的内容学习。根儿在张老师的课堂里获得了自由看书的权利，这让他的抱怨少了许多。我也告诉根儿："其他科目的学习都很紧张，你可以在张老师的课堂里放松一下，就当休息一节课——内容简单也不是坏事！只要保持好的成绩就可以。"直到初中二年级后，学习内容难度加大，才满足了根儿的求知欲望。成都外国语学校的英语教学自成特色，能够帮助孩子打下扎实的英语基础并保持优良的英语水平。根儿在初中的英语成绩一直很优秀。曾经，我问过根儿："你在家里从来不学习英语，你怎么考出好成绩的呢？"根儿回答我："我能够很快记住书上的内容，我在考试前随意复习一下，就可以考出好成绩，不需要花更多时间了。"

其实，从成外附小考入成外的孩子都存在与根儿相同的情况。在初一时，很多孩子都在英语课堂里浪费时间。这些孩子的家长提出了让孩子到初二的英语课堂旁听，但是，学校当时没有积极主动地考虑这批孩子的情况。家长的提议没有被重视，导致这些孩子在英语课堂里无所事事，甚至出现睡觉的情况。

初中二年级时，我曾经让根儿到成都一家外语培训机构参加英语培训，为将来出国留学做准备。到了那个机构后，机构培训老师先对根儿进行英语水平测试后，告诉我："你孩子的英语水平比同龄孩子要高，现在他还没有必要进行英语训练，就照现在这种状态学习下去，等他上高中后再来。" 至今，我都非常感谢这位真诚待人的老师！

高中阶段的英语学习

面对全英文教学时遇到的困难

根儿初中毕业后考入深国交，在这所学校要经历四年的学习时间，其中国际普通高中两年（IGCSE），A Level大学预科课程两年。学校采用原版英文教材和逐渐过渡的全英文教学方式，学生作业必须要用英语完成。

根儿虽然对深国交的全英文教学有了心理准备。但是，在进入全英文课程学习之后，还是感到了巨大的困难。困难之一，虽然他在初中的英语基础很好，但是，要用英语来学习各门功课时，曾经学到的英语远远不够应对，特别是专业词汇的空白，给根儿带来了更大的困难。困难之二，在根儿选择的课程中，生物和信息技术两门课程给他带来的挑战最大。对于生物课程，每天晚自习的两个小时里，他甚至不能够看完一页教材内容。他在电话里告诉我："妈妈，每一页里的每个词对我来说都是生词，有些单词不但要记下英文的读音和拼写，还要记下拉丁文的读音和拼写，太难了！"进校后不久，老师布置了一篇作文《你对高新生物技术的看法》，要求600个单词以上。这让根儿感到压力很大。困难之三，根儿小学和初中一直是班级里的尖子学生，现在，班级里有"小海归"，这些孩子曾经跟随父母在英语国家生活和上学，英语就像他们的母语一般。这些在英国或其他英语国家长大的孩子，上课可以不用听老师讲课，作业做得又快又好，考试更是能轻松愉快地过关，而且成绩拔尖。这样的环境给不愿意落后的根儿带来了巨大的心理压力。

我当时还没有到深圳去陪根儿读书，平时只是通过电话交流。我分析了他的优势，在他学习的课程中，数理化的基础非常扎实，所用到的英语也相对简单，很快就能够突破，努力重心要放在生物和信息技术上。我告诉根儿慢慢来，不要急，我们相信他的学习能力。

2008年的国庆节，是根儿进入深国交后的第一个假期。在机场等待他的时候，我一直在想，他可能瘦了，学习压力大，食堂的饭菜又不合胃口，离家一个半月后的根儿是什么样子了呢？但是，当他来到我面前的时候，我看到的却是一个眼睛里闪耀着自信光芒、不再驼背、一脸阳光的他。我感叹着深国交的魔力，在短短的一个半月时间里，把我的孩子改变了！

回到家里后，根儿开始和我们谈学校的生活，也谈他的学习。最让我开心的是他每天有很多活动的时间，打乒乓球是他每天中午和下晚自习后的活动。每天下午4点后有很多兴趣活动可以参加。因为他是学生会生活部的工作人员，所以每周有一个下午要负责小卖部的销售工作，当售货员。他和同学的关系相处得很好。他觉得唯一不好过的是周末，因为不能够和爸爸妈妈在一起。

谈到学习，根儿告诉我，生物课的语言关基本已经突破，只有信息技术的语言尚未过关，这次考试的成绩只得了一半的分数。我和孟爸安慰他："才上一个半月的课程，语言存在问题是自然的，慢慢会好起来！"

回家后的第三天晚上，我坐在沙发上看电视。根儿过来坐在我身边："妈妈，我的信息技术课程怎么办啊？要期中考试了，成绩不好会对将来申请大学有影响的！"我突然有种预感：他有很重要的话要和我谈。多年来，根儿很少这样认真地和我谈他的学习。于是我立即关掉了电视，认真与根儿聊起他对信息技术的困惑。

我："你认为学习信息技术有哪些困难呢？"

根儿："老师讲的内容太多，不顺着书讲，所以好多单词不知道。课程进度太快,我实在是跟不上。"

我:"是你一个人觉得跟不上老师,还是有更多的同学都是这样呢?"

根儿:"好多同学都有。这次测验大部分同学都和我一样不及格。"根儿的学习成绩一贯很好,出现不及格的情况实属罕见!

我:"你们给老师提出过放慢进度的要求吗?把你们的困难反映给老师。"

根儿:"老师知道我们的情况。她知道我们的英语程度低,所以学习困难。但她有教学任务要完成,而每周只有4节课的时间,只有加快讲课的速度才能够完成任务。"

我:"也就是说老师方面我们无法改变了,能够改变的只有我们自己。"

根儿:"妈妈,我已经很努力了,国庆节后就要考试了。如果要完成期中考试前的复习,我要看完这本书的三分之二;即使我不复习其他课程,只复习信息技术一门,这点时间也来不及了。这次我的化学考试成绩是全班第二,有个从英国回来的同学考了第一,他什么成绩都是第一。如果我能够读懂信息技术的考题,解题并不难,但是,题目中只要有一个单词我不明白,这道题就没有办法做了。我就是英语单词量不够,影响了信息技术的成绩。这次期中考试我肯定考不好!"根儿满脸的焦虑。我翻了翻根儿带回来的信息技术教材,厚厚的一本全英文教材,看来根儿真的陷入困境了。此时,我也明白了根儿另外一层意思:他无法达到我们期望的各门功课全A的成绩。

我:"我们理解你的难处。你进入深国交才不到两个月的时间,信息技术的学习遇到了困难是自然的。有困难说明了你有不足,这样的不足会成为你学习的动力,只要你不放弃这门课的学习,一年后你就会像那位英国回来的同学一样了。生物课的语言关你只用了短短的一个多月就闯过去了,妈妈相信你的能力。现在,我们重新制定你的目标,其他课程全A,信息技术你尽最大努力就好,这样行吗?"根儿终于放下了内心的包袱,一脸的轻松,不再紧锁眉头了。假期里,根儿每天都认真复习信息技术。

回到学校后，根儿沉住了气，不再慌乱。期中考试时，信息技术依然只得了一半的分数，成绩为51分，我们认为他已经很努力了，没有对他有半点责备，鼓励他继续突破。到期末考试时，根儿的信息技术成绩达到了A。

深国交英语学习点滴

深国交的英语课堂教学会根据学生的成绩进行分层教学，分层教学的目的是尽最大可能实现学生的能力。英语成绩好的学生会分在A层，但是，如果一个在A层的孩子，他的成绩处于最末端，导致了对心理的影响，他可以申请到B层学习，使他的英语能力能够更好地得到发展。如果一个分到B层的学生，经过一段时间的努力后，英语能力有明显提升，他可以申请到A层学习。这种分层教学的流动性保护了学生的自尊，体现了教育理念中"以人为本，因材施教"的精神。对于迫切需要提升英语水平的孩子，学校会安排最好的英语老师授课，这就是深国交的每一个孩子都能够进入自己理想大学的原因之一。

在A1年级后（高中三年级），根儿被分配到了英语为第一语言的班级学习，进入这个班级的孩子的英语成绩必须要达到优秀，英语的学习难度与英国本土孩子学习的难度是一样的。根儿说："我们学习的英语课文就像中国学生学习的古文，没有对英国文化和历史了解的基础，很难读懂啊！"根儿认真准备着A1年级的英语国际考试，这个成绩将作为他申请大学的英语成绩。最终，他获得了第一语言考试成绩（First Language English）85分的好成绩，成绩为A。

在深国交这所学校里，老师来自世界各地，他们的英语中都夹杂着自己的口音，相比那些英语环境"太纯洁"的学校的学生，深国交的学生们更早地适应了世界各地的英语口音，为他们将来的语言交流做好了充分的准备。

英文写作的考验

进入剑桥大学的第一年,根儿选择的生物专业包含了生理学、细胞学和化学三门课程。每一周,生理学和细胞学课程都要各提交一篇论文。论文作为学生作业,对学生的学业成绩有很重要的影响。根儿很在乎学业成绩,所以,对论文非常认真。

然而,每周两篇类似的综述一样的论文让根儿头痛不已。老师给学生一个题目,学生要用前人的实验证明和当下学生获得的信息进行整合,就是把记忆中的东西拿出来完成这篇论文。记得有一个论文题目是"动物体型的大小与形状",根儿告诉我要从前人的实验和现在的理论来说明动物的体型,所查询的前人实验资料都要非常明确地标明出处,这是剑桥训练学生尊重知识产权的过程。我与根儿开玩笑说,可以用动物来写童话……刚开了个头,根儿说:"妈妈,这不是写文艺作品,是科学论文,你这样写肯定不合格的。"一直以来,不论中文还是英文写作对他来说都是难题,这个难题从未被他主动突破过,成为他学业中非常明显的短板。用他自己的话来说:"写物理实验的设计,我可以在很短的时间里洋洋洒洒几大篇,但是写一篇整合各种信息的文章,像综述这类论文,我感觉很困难。"

剑桥大学要求学生写论文要用手写,不能用电脑打字,这是对学生写作基本功的要求;特别是对于非英语母语的学生来说,这样英文的水平才能得到发展和巩固。根儿手写英文的速度很慢,但他坚持每天练习手写英文,希望自己达到又快又准的标准。他告诉我:"考试的时候要快速完成答题,否则做不完，考题太多了。"孟爸担心根儿压力太大，告诉根儿："只要毕业就可以，成绩合格就行了，优秀不优秀都不重要。"根儿回应："我出来读书不是想混一个文凭，我必须要优秀，有了优秀的成绩我才能有更多的机会！"

根儿在三年本科学习期间，受益于每一次的小课。每一个科目在每周都会安排4~5次小课，小课只有2~3个学生，老师会对每一个学生的作业和实验报告进行详细讨论，在讨论中启发和引导学生有独立的见解和思考："对于这个问题，你是如何思考的？""你有什么问题要提出来？""对于这样的结论，你有没有自己的看法？""还有没有其他的方式可以解决这个问题？"……这是帮助学生建构独立思考和批判精神的重要过程。学习知识的过程只是一个媒介，通过这个媒介，帮助学生建构独立自主的思考能力、批判性思维的能力、做出正确选择的能力，才是教育的最终目的。这种教师一对一地辅导学生，是剑桥本科教学的特色，这样的特色保持了800多年。

每次写论文，根儿都要经历几天的折磨。作业从周一下发，到下一个周一上交，根儿每次要憋到周六周日才动笔。别人都在过周末，而他在受折磨。他说其他同学半个小时能够写出来一篇论文，他却要写几天。每次上小课时候，导师总对他的论文提出很多意见，觉得自己是最差的学生。根儿对我说："我是班级里最差的学生了。"这让根儿处于焦虑和紧张中。加上他内心不接纳选择的自然科学专业，心里还想着数学或者工程学，本能地对写论文的极度抗拒，但又不得不完成论文。这样的心理挣扎导致他写论文的时候出现了严重的情绪，无法控制的厌烦感让他感到快要窒息。在一段时间里，根儿甚至出现了由精神紧张导致的躯体症状，一旦开始写论文，就出现发热、流鼻涕、头痛、耳鸣、烦躁不安等症状。当根儿告诉我这一切的时候，我知道他正在经历最艰难的时刻。曾经听说过进入世界名校的孩子要经得起一年的折磨，如果这一年挺过了，就能够顺利毕业；否则，就会面临无法适应的境地，导致退学。现在，根儿开始了艰难的适应过程。

在各种因素的影响之下，根儿经历了退学风波。之后，他内心撤出了对生物学科的抗拒，写论文的情绪开始好转。同时，在他的努力下，写作水平也有了提升，论文完成的质量也越来越高。有一天，他和我视频，终于面带笑容谈及他的论文："老师说我的论文写得不错！"看到他一脸的自信和轻松，我知道他终于渡过了这段艰难的适应之路。

根儿在第一学年的生理学和细胞学的期末考试中取得了优异成绩，均获得了一等成绩。根儿告诉我，期末的成绩不只是期末考试直接的分数，而是要结合平时每一次实验课上老师的评语。无论是化学、生理和细胞学，根儿在每一次小课和实验课上，都能够积极发表自己的观点；每次实验和作业都认真完成，即使不算入成绩也不松懈。他的表现获得了老师很高的评价。在两个学期阶段的评价中，老师都给予了他优秀的评价。我为根儿感到骄傲，在遭遇困境的时候，他没有放弃自己。在剑桥的每一天，他都在为自己的未来负责，凭借自己的顽强和努力，在世界顶尖学府得到了老师和同学的认可！

曾经我看到过一篇文章，讲述了一个华人家庭从中国到美国生活后的情况。妈妈在文章中特别提到了孩子在美国学校受到的教育。她的孩子就读美国一所小学二年级。一天，她看到孩子从图书馆借了很多关于"二战"历史的书籍，不明白这么小的孩子为什么要看这些书，在询问了孩子后才知道，孩子要完成关于"二战"的一份作业。作业的内容大致是关于"二战"中的一场战役，如果这场战役的指挥官是自己，你会如何指挥这场战役。孩子为了做好这份作业，必须要收集"二战"的历史资料、这场战役的起因和结果、战役中两个国家和军队的情况、战役的指挥官等众多信息。一个星期后孩子完成了作业，当孩子的爸爸看到儿子的作业时，感叹道："他现在做论文的方式，是我读到研究生后才学到的！"我在想，如果根儿从小能够受到这样的写作教育，他进入剑桥大学后，一定不会为写作犯愁了。

对根儿学习英语的反思

2016年，根儿已经从剑桥大学毕业，获得了剑桥大学学士和硕士学位。但是，对于他学习英语的历程，我觉得还是有一些值得反思的地方。

保护好孩子对英语的热情

根儿曾说："妈妈，我更喜欢用英语，觉得英语用起来比中文好使。比如写作文，我觉得英语作文比中文作文好写！"他一直保持着对英语的热爱。

我的一个朋友书华对英语教学非常有经验。我在对根儿英语学习有焦虑时，常常与她交流，她能够帮助我解除焦虑，不盲目干预根儿的英语学习。有一次，在与她谈到根儿的英语学习时，我问："为什么根儿不用花很多时间就学好了英语，而有些孩子花了很多时间，还不能够达到很好的水平？"她告诉我："有很多因素，其中一点是根儿的语言能力在童年时期没有被破坏，他后来学习英语就不困难了；而那些语言能力被破坏了的孩子，在后期的学习中会存在心理上的困境。"

现在，一些6岁前的孩子已经被赶着上了英语考级的路；一些小学在招收一年级学生时，要求孩子的英语水平要达到一定级别才录取。于是，父母们为了孩子能够进入自己心仪的小学，从3岁左右就将他们送到英语培训班。为了选拔而学习英语，这种学习目的导致老师教授给孩子的英语知识难度往往会超出孩子心智的发展水平；父母也期待着自己的孩子能够掌握超出同龄孩子认知水平的知识，保证孩子在同龄人中有突出的英语水平。于是，孩子的英语学习成绩成为孩子是否能够获得老师赞赏父母喜爱的一个条件，孩子陷入了唯恐失去成人喜爱的困境中。

对于心智发展比较早的孩子，他们可能会在英语学习中表现突出，获得好的英语成绩，也获得了成人的赞赏和喜爱；同时，孩子的自尊心和自信心也得到了保护和发展。对于心智和语言能力发展迟一些的孩子，他们不能够适应这样的英语学习，于是，获得差的英语成绩后被父母和老师责怪，甚至羞辱，孩子幼小的自尊被践踏，心理上产生了对英语的憎恨和厌恶，从此害怕学习英语。

当孩子进入文化敏感期后，有的孩子会对英语产生极大的热情，就像根儿一样。父母只要顺应孩子的热情，给孩子提供他学习英语需要的物质条件，就能够保护孩子的语言热情。但是，不是所有的孩子都像根儿这般对英语热爱。对于这类孩子，父母的底线是不可以让孩子对英语产生厌恶心理，更不能够让孩子因为英语而丧失自尊和自信，父母只要给孩子提供宽松的学习环境，孩子的英语就能够学好。

父母不要随便插手孩子的英语学习

在根儿十多年来英语学习的过程中，因为我和孟爸不懂英语，加之他的英语成绩不错，所以，我们没有乱插手他的英语学习。除了七八岁时上过两年的兴趣班外，根儿没有到任何机构补习英语；在家里，除了学校布置的英语作业，我们从没有为他买过英语试卷或者其他资料；甚至，他从来没有带过耳机听英语，我们没有为他购买过随身听。

在根儿确定考英国的大学后，我曾经多次催促他参加雅思培训班，他都拒绝了，理由是等A1年级的国际考试成绩下来后，有可能他申请的大学不要求学生的雅思成绩。他比我更了解出过留学的要求，他有上国际名校的强烈欲望，他知道对自己负责任。想明白了这些之后，我就不再强求了。在等待剑桥大学最后的录取条件时，根儿开始主动考虑雅思成绩，于是，他来到深圳一家著名的英语培训机构咨询，准备参加雅思考试的培训。在这家英语培训机构里，工作人员对根儿的英语水平进行了测试，工作人员告诉根儿他的英语水平为初级，如果要达到出国留学的语言水平，需要交一万五千元的学费，完成从低级水平到高级的飞跃。根儿知道自己的英语水平不低，当即明白了工作人员的欺骗行为，没有报名参加培训。

针对根儿阅读量少的情况，我建议他多读原版英文书籍，除了生物方面的，还应该阅读人文方面的。一次，我建议根儿读美国总统奥巴马的就职演说，根儿拒绝了。我很生气地告诉了书华这件事情，希望书华帮助我说服他。书华笑着说："你可是在乱指挥啊！美国人学习中文不会去阅读我们的《政府工作报告》，奥巴马的就职演说如同我们的《政府工作报告》，不是人文方面的阅读材料啊！"为了弥补我的缺陷，我请书华来到家里，与根儿交流了英语阅读的问题，帮助根儿了解人文阅读的重要性。

根儿在高中的后期开始阅读英文原版的名人传记和小说。《牛顿传》对根儿影响很大，他常常对我讲起牛顿和剑桥大学之间的故事，特别讲到了牛顿一生未婚，去世后将财产全部捐献给了剑桥大学。在我们离开深圳时，我清理出了他的几本英文原版书，问他如何处理。他说："捐献给学校吧！"我知道这是牛顿给他带来的影响。根儿认真地在每一本书的扉页写上自己的名字，然后，把这些书抱到了培养他的深国交，留给了他的学弟学妹们。

很多父母与我一样，不懂得孩子英语学习的规律。我们可以请教对英语学习有研究的老师，也可以借助网络来了解，只要我们尽力做到尊重孩子的认知发展规律和英语学习规律，就是对孩子最好的帮助。

耐心等待孩子的成长

曾经，我也与很多父母一样，对孩子的英语学习异常焦虑，期望有一种方法让孩子一夜之间就精通英语。在这样的心态下，我们就会做出违反英语学习规律的事情，还会给孩子带来心理伤害。

在昆明翠湖宾馆门前的翠湖边，从20世纪80年代开始形成了一个英语角。这个英语角持续至今，每个星期四晚上，学习英语的人们会聚集在这个英语角，相互练习英语的听与说，很多外国朋友也会来到这里与中国人交流。我们的家离翠湖宾馆很近，每天散步都会从翠湖宾馆门口经过，常常看到有不同国籍不同年龄段的人在这里互相用英语交流。

根儿初中二年级时，暑假期间我们从成都回到昆明。我主观地认为根儿在成都外国语学校学习了几年，应该到英语角与他人进行对话和交流了，于是，强制性地要求根儿到英语角去开口。来到英语角后，根儿坚持不开口。我非常生气，坚持要他去找一个人开口说英语，哪怕是打个招呼也行。他委屈地告诉我："妈妈，我不是不会说，我真的不知道与这些陌生人说些什么话题。"我陷入了一种歇斯底里的状态中："如果你今天不开口说一句英语，我们就不要回家！"看到我的疯狂劲，根儿不敢反抗，我们一直僵持到英语角的人都开始散去，根儿也没有开口。等到外语角还剩下两三个成人时，已经是夜里10点左右，根儿看拗不过我，上前与一位成人用英语打了声招呼，还用英语聊了几句。此时，这位成人认出了我，原来我们是很多年前认识的朋友，只是多年不联系了，我们聊起了天，根儿如释重负。

至今，根儿那晚屈辱和无奈的表情一直印刻在我的心里，刺激着我不断地反思自己。根儿是一个要求完美的孩子，在不确定自己是否能够做好这件事情的时候，他不会轻易去做；只有确定自己有能力做好的时候才会行动，这是他的一贯行事风格。那个时候，根儿还不确定自己是否能够很顺利地用英语对话。另外，根儿对与陌生人交流有着自己的看法，毫不相识的人相互询问"你叫什么名字""你来自哪里""你的爱好是什么"……他认为这是非常尴尬的事情。根儿向我表达了他的意见，而我只顾及自己的需要，想了解他的英语会话水平，想看到他有没有开口说英语的勇气。在这样的状态中，我忽视了孩子的心理需要。庆幸的是，我的这种强求根儿开口说英语的错误，只犯了一次，但这一次依然给根儿带来了伤害。

根儿在深国交学习了两年后，假期回到昆明，他主动提出了要去英语角。此时，他的心理已经准备好，他认为自己的能力也准备好了。那一天晚上从英语角回来后，根儿兴奋不已，他告诉我："妈妈，我和一些大学生聊天，他们问我是那所大学毕业的，他们觉得我的英语很棒啊！我还与一位从美国回来的老太太聊起了厨艺，她还邀请我去她家里，和她的家人分享厨艺，还给我介绍了美国最好的厨师学校。"那个假期，根儿主动去了好几次英语角。

在剑桥大学上学期间，每次假期回到昆明，他都会在周四的晚上主动去英语角。我和孟爸有时候也去看看他如何与人交流，我们偷偷站在远处，不让他发现我们。看到根儿自如地与人们谈论，眼里充满自信，我们很开心。

曾经，我焦虑过根儿不主动与人交流，担心他的英语会话水平，为他的不善言谈发愁。现在，我终于知道我这些担心和焦虑的根源，来自我们不相信孩子能够发展。当我们不用信任和发展的眼光来看孩子的未来，我们就会陷入无谓的焦虑之中。如果我当初懂得等待，就不会逼迫根儿，我会等待他准备好了以后，让他享受英语角带给他的自信和自尊。

注重孩子的英语写作能力

在整个英语学习的过程中，根儿轻视了英语写作能力的提升，写作成了他知识与技能结构中的短板。

根儿不喜欢写作，不论是中文作文还是英语作文，都是他的难题。这样的状态来自从小开始的语文作文，传统的作文教学严重地伤害了他对写作的兴趣，每当写作文时就会有曾经的伤痛刺激他的感受，让他产生排斥写作的心理。这样的排斥心理直接影响到了他高中阶段的课程选择，只要是写作较多的课程，他一概不选，比如文科类的历史、地理。当他发现选择的商学也是需要长篇写作时，A1年级重新选课时便放弃了商学。在A2年级时，因为数学成绩优秀，他可以在例行的三门课程选择之后，再选第四门课程；但是，在选择了物理、化学和生物后，他发现其他课程都有写作的要求，尽管我坚持要求他选择心理学。最终，他还是放弃了第四门课的选择。

对于母语为汉语的根儿来说，写好中文作文应该是他英文写作的基础；由于缺失了这个基础，在深国交学习期间，虽然有很多英语写作的机会，但根儿没有把握住这些机会提升写作能力。对于有计划出国留学的孩子，当学校的教育存在不足时，要积极主动地寻找英语培训机构，特别要重视孩子英语写作的训练，这是为孩子出国留学必不可少的准备。

在根儿一直躲避写作的过程中，因为无知导致了我们没有对他进行有效的帮助。现在，我们才深深地体会到，个人在学业上存在的任何不足之处，一旦进入了世界顶尖大学都会暴露无遗，成为完成学业的巨大障碍。要成为世界顶尖大学的优秀学子，必须把自己的短处弥补起来；然而，进入剑桥大学之后才来补短，自然是一个艰难的过程。在剑桥大学第一年学习期间，根儿度过了这个艰难痛苦的补短过程。

根儿不怕动脑筋，他害怕的是在写作文时情感被束缚、思想被禁锢。一位留学美国的博士因为她的研究需要，对我进行了一次访谈，之后我问起她留学后的写作问题，她告诉我："我是在国内读完研究生才到美国的，我的论文写作至今都存在问题，这是中国留学生普遍存在的问题。"我大学同学的孩子留学英国读硕士，一年后回国，我问起他留学时写作的问题，他告诉我："写论文太痛苦了，我都差点被逼疯了！"面对我们国家普遍存在的论文写作缺陷，传统的作文教学是否应该进行反思？

Chapter 9

保护孩子的求知热情，
包容理解孩子的"叛逆"

上天赋予了每一个孩子求知的热情,这份热情帮助孩子不顾一切地探索这个未知的世界,并从中获得快乐和满足。

卸下分数的包袱

根儿刚进入一年级时，学习热情高涨，成绩也非常好，数学和语文连续几次考得100分，这让他认为考试得满分是天经地义的。

一天，根儿放学回家后，直奔自己的房间里，扑到床上大哭起来。我和孟爸不知道发生了什么事情。他哭着告诉我们："我这次语文小测验只得了99分……"这是他进入小学后连续获得几次满分后的第一次失误。我强忍住没有笑出来，认真地对他说："99分已经很棒了呀，为什么还哭呢？"根儿抽泣着大叫："我本来可以得100分的，只是少写了一个句号，哇哇哇……"根儿情绪非常激动，他关上门，在自己的房间里对着枕头和被子又打又砸，无论我和孟爸如何劝导都无济于事。我们干脆离开他的房间，让他尽情宣泄。

半小时后，我做好晚饭，几番敲门叫他吃饭之后，他才勉强坐到了餐桌边。看他已经基本平静了下来，我和孟爸开始与他交流。我们告诉他，没有人在每次考试中都得100分，爸爸妈妈上学多年，有时候考试成绩好，有时候考试成绩不好，这都是正常的。我们谈到每个人都会遭遇生活中的挫折，给他举了很多名人遭遇人生挫折的例子：从爱迪生发明灯泡、贝多芬失去听觉，到南非前总统曼德拉漫长的牢狱生活……我们希望根儿明白人生的起落都是生命的一个部分。半小时过去了，根儿安静地吃着饭，一言不发。我们都以为他的心结已经解开，便没再多说什么。没想到儿子吃完饭，放下碗筷，一脸严肃地看着我们，说了一句："我永远都忘不掉那个句号！"然后转身进了自己的房间。我和孟爸呆了片刻，立即关上餐厅门，捂着嘴，不敢发出声地大笑起来！

这次事件让我意识到了一个问题：不能够让根儿背上分数的负担，不能够让他将分数作为学业的唯一目标。第二天，我到学校找到语文和数学老师，在讲述了根儿为失去1分大哭的事情后，我向两位老师提出以后尽量不要给根儿满分，想方设法都要在试卷上扣点分，如果实在找不到错误，就扣书写分，总之，不要给他得满分。两位老师表示配合我的提议。此后，根儿的考试成绩就很少有满分了。他也渐渐习惯了不是满分的成绩状况。三年级转学到成都，我也向老师提出不要给根儿满分的要求。老师笑着说："没有见过你这样的家长啊！"当我从心底里认可孩子的学习能力和学习成绩后，他的分数便不再是我最关心和在乎的了。

一位朋友看到根儿经常考试得第一，善意地提醒我："经常拿第一，不是一件好事情哦，你要注意了！"我认为，如果孩子学习很轻松，考试前的练习试卷都可以不做，平时也不用补习，这样轻松获得的第一有什么不好呢？只要孩子不是为了拿第一名而拼命学习，父母也不威逼利诱孩子一定要拿第一，就不会有问题。孩子的学业是孩子人生的重要组成部分，在提倡孩子素质和人格健康发展的同时，孩子的学业依然是重要的。

减掉作业的负担

我清楚地知道，如果孩子被强制性地要求完成过多的作业，将导致孩子厌恶学业，失去对求知的热情。为了保护根儿的求知热情，让根儿有更多的时间做自己喜欢的事情，有更多的时间思考他感兴趣的问题，我竭力为根儿减掉作业的负担。

减掉考试前的练习试卷

根儿的小学1~2年级是在云南师大附小就读。当时，教委规定不允许学校给小学1~2年级的学生布置家庭作业，根儿每天下午三点半就完成学业任务，有很多时间玩耍。但是，每到考试前，老师就会给孩子们发很多试卷带回家里进行练习。

每天晚餐后是我们一家人在翠湖边散步的美好时光。这一天，根儿一脸痛苦地拿出老师发的数张卷子，告诉我他不能去散步了，否则就无法完成这些作业。这是根儿第一次面临考试前的练习题。看过这些试卷后，我让根儿浏览一遍卷子，看有没有不会做的题。根儿看后说没有。我告诉根儿："既然都会做了，就不用写了。"根儿："明天不交作业会被老师骂的。""妈妈会去找老师沟通。你不用担心，老师不会骂你。"不用做这些作业让根儿特别开心，我们一家人轻松地外出散步。

我与老师电话沟通了根儿的情况，老师没有否定我的做法，她说："既然家长都这样做，我们也就没有什么可说的了。"我也担心过老师会因此不高兴，然而，在老师的情绪和根儿的求知热情之间，我坚持选择保护孩子的求知热情。

由于根儿的学业成绩非常好，也为老师们争得了荣誉，老师们也就不再理会他是否做这些练习试卷了。在此后的日子里，只要这类考前试卷发到根儿手里，他都会采用这样的方式：先浏览一遍，找出不会做的题目进行练习，会做的题目就不再动笔了。我希望根儿的考试成绩与平日学习水平相当，不是依靠突击才考得好成绩。做到考试与平日一样，这样的成绩才是最真实的。

减掉平日过多的作业

也许是因为可以不做考试前的试卷，根儿出现了不完成数学作业的情况。老师找我谈话后，我没有立即批评根儿，而是平静地问根儿不做作业的原因。根儿告诉我："有些数学作业太简单了，我已经懂了那些知识，没有必要花时间重复做无用功，可以用这些时间做其他的事情啊！"我欣喜地发现根儿已经学会了珍惜时间，能够更好地计划和利用自己的时间；我也观察到他在家里确实是利用时间在做自己感兴趣的事情。我认为根儿说得有道理，同意了他不做作业的要求。同时，我和根儿约定：如果数学考试成绩低于90分，就要做作业。根儿爽快答应了。

我再次找到老师，说明了根儿不做作业的理由，希望老师不要强求他做，这样能够保持他对数学的兴趣；同时，我向老师保证孩子的成绩下降我不会找老师的麻烦。根儿为了不做作业，上课非常认真，成绩一直名列班级前三名。老师也就认可他这样了。

减掉学校布置的假期作业

上学的时候，我对假期作业非常厌烦。假期本来就是用来休息的，为下一个学期的学业做好体力和精力的准备，而学校布置的假期作业除了浪费时间，没有任何意义。对于根儿上学后遭遇的假期作业，我也持同样的态度。他完全不需要假期作业来巩固所学过的知识，让根儿过一个开心轻松的假期是我最大的心愿。

从小学的第一个假期开始，根儿的假期作业本就被我没收，扔进了垃圾桶。整个小学阶段，根儿没有做过假期作业。每到开学时，我都会找到各科老师说明根儿没有完成假期作业的原因：我给孩子布置了其他作业，所以没有时间做假期作业了。老师们对于我的解释一般都接纳，他们说家长既然都允许孩子不做假期作业，他们也没有什么可说的了。根儿三年级时转学到了成都外国语学校附小，我也来到这所学校进行儿童性教育研究，与老师们沟通起来更加方便了。

在整个小学阶段，关于根儿不做假期作业的问题，大多数老师都表示理解，偶尔会遇到个别的老师不高兴。一个是根儿五年级的数学老师，当假期结束，我去找老师说明根儿未做假期作业的原因，他非常不高兴。但我还是坚持把我想说的话说完，然后请求老师不要批评孩子，也不要让孩子补做作业，要批评就直接批评我好了。见我这样为孩子求情，老师有些生气地对我说："我没有见过你这样的家长，我倒要看看你的孩子最终发展成什么样！"不论老师如何说我，我都接受。还有一位是根儿的六年级时的班主任，在我向她说明根儿没有做假期作业后，她满脸不快，转过脸去不再理睬我。我对着她的后脑勺，把要说的话说完后，就离开了。所幸的是，在小学期间只遇到了这两位不理解我的老师。因为我和根儿的老师都在同一所学校工作，所以，即使老师对我这样的家长有意见，他们还是包容了我们。其实，我心里也明白，老师这样认真要求是为学生好，也是责任心的体现；如果老师在传统教育基础上，多做一些理念和方法的探索，就会更好地保护孩子的学习兴趣，特别是对个性孩子求知欲的保护。

　　与很多父母一样，当我要去与老师交流的时候，也会感到困难重重：既想保护孩子，又不想得罪老师，所以陷入了矛盾之中。然而，作为孩子的妈妈，我需要做出选择。在选择中，我一定是坚定地将保护孩子放在第一位。如果我不坚定地保护根儿，只是顾及自己的处境或老师的态度，我付出的代价是儿子的求知欲被破坏——这是我无论如何都不会接受的。我想，每个妈妈都会为了孩子献出生命，何况面子，有什么不能豁出去的呢？想清楚了这一点，我就无所畏惧了，我的选择也就明确了。

　　根儿上了初中后，学校有一项激励制度：期末考试成绩达到一定的分数，可以免做假期作业。根儿的成绩很优秀，受益于这项政策，他三年的假期作业非常少，我也就不需要找老师协商了。

不一样的假期作业

写游记

在整个小学阶段，根儿的假期作业都是我来布置的。

寒暑假期间我们都会带根儿外出旅游，无论是繁华的大都市，还是云南的乡间游，根儿都满怀激情。我们到过北京、上海、香港、泰国，也开车自驾去过云南和越南的很多小镇。我们每次出游的时间一般在一周左右，每次旅游我会给根儿布置2～3篇旅游见闻，作为根儿的假期语文作业。旅游见闻的形式可以是文字的，也可以做成图文并茂的小板报，内容不限，形式也不限。这样的作文让根儿非常喜欢，每次旅游回家后，他都主动写见闻和感受。记得我们到香港迪士尼乐园游玩后，根儿用图文结合的方式做了一个介绍香港风貌和迪士尼的板报，张贴在自己的房间。

做科学实验

根儿喜欢做一些科学小实验，于是，科学实验就成了根儿假期的理科作业。我们在书店里买到了一本由美国人编写的科学小实验的书，书里列出了100个科学小实验。这些实验专门针对儿童设计，安全简单又有趣，都是采用生活中常见的物品做材料，比如报纸、肥皂、酸醋、自来水等。这本书就成了他小学低年级时的假期作业：从组织材料到最后成功完成实验，都由根儿自己动手。我要求他每天做1~3个小实验，完成后把实验的过程和实验中的收获口述给我。无论他讲的内容怎样，我都满意地接受；我想要的是培养他的科学实验兴趣，而不是实验结果本身。这个过程既保护了根儿的兴趣，也让他动脑动手，还练习了语言组织和表达能力。

小学二年级的一个假期，我给根儿买了儿童用的化学实验套装和物理电学套装，使用起来非常简便和安全。随着根儿知识面的扩展，对这两份套装的兴趣也越玩越浓，摆弄这两套装置直到初中毕业。在做化学实验的过程中，那些五彩缤纷的变化让根儿着迷。物理电路被根儿摆弄出了收音机和警报器的功能。电路套装里配备了很多小灯泡，根据串联和并联的不同方式，不同区域的电灯就会变亮。这套电学的套装对根儿后来学习物理帮助很大，电学在根儿的大脑里不再是空洞的理论。

小学五年级的暑假，我给根儿布置的一项作业是用电脑写化学实验"报告"。在做化学实验时，记录做实验的过程，描述看到的现象，并将实验变化用电脑画图表现出来；报告中不要求写出"为什么会发生这样的变化"，因为根儿还没有学过这些知识。根儿每天快乐地进行实验的工作，又是记录又是画图。由于是第一次用电脑画彩色图，根儿操作不熟练，耗费了很多时间，到开学前，他的科学小论文终于写成了。

我给根儿布置的假期作业不会太多，根儿每天有大量的时间自由安排。他可以睡到中午，然后才起床开始一天的活动——睡眠充足是保证他大脑正常发育和运转的关键。根儿每天完成科学实验的时间大致是一小时。假期里不上补习班，有一定的体育活动。一直到高中毕业，根儿的假期都是这样的模式。在每个假期里，根儿有充裕的时间参加各种体育活动：游泳、跆拳道、斯诺克、乒乓球、拳击、散打等，也可以有很多时间做自己喜欢的事情。

孩子需要一个属于自己安排时间的假期。如果孩子辛苦了一个学期，而假期却不属于他自己，假期比上学还匆忙，还辛苦，孩子就会认为生活无趣，多么没有意义啊！事物都有一呼一吸的原理。人类没有呼吸，生命就会停止！如果把上学时间比作呼，那么，放假的时间就是吸。一呼一吸，一张一弛，这是生命的律动。这些道理我们不是不明白，而是我们认为孩子不需要！因为在我们的文化中，孩子的心灵需求总是被忽视。如果我们的做法让孩子感受到"上学的时候我尽心尽力，假期将会属于我"，孩子才有盼头。一个整年整月整日都没有时间来休整自己心灵的孩子，开学和放假都感受不到实际意义的孩子，"新学期"对孩子来说是不存在的。那么，我们希望孩子在新的一学期有新的表现，也只是痴心妄想了。

上天怕我们的心灵在工作的重压之下麻木和痛苦，失去对生活的激情，便给人类安排了周末，安排了假期。我们成年人在国家规定的大假里可以不听从任何人的安排，我们随心所欲地干我们想干的事情：睡觉、看电影、听歌、吃零食、旅游、健身……我们想干什么就干什么，只要不犯法。大假带给我们的不仅仅是自由的时间，更重要的是自由的心灵。

孩子也需要这样的自由——发呆，无聊，做自己想做的事情。这是让孩子回归自己心灵的时间，享受心灵自由的时间，这样孩子才不会把自己给忘了。用一个假期，让孩子感受自己的存在和需求，找到自己，他们才不会迷失自己。

理智应对负面评价

我坚持帮助根儿减掉作业负担的做法，被根儿六年级语文老师认为这是不爱学习的行为。一天，根儿放学后回家，我看到根儿的眼睛有些红，满脸的压抑和痛苦。我来到他身边，问他发生了什么事情。根儿告诉我老师在课堂批评他，说他不爱学习。他觉得老师对自己的评价不公正，心里很委屈。

我对这样的情况早有准备，一直等待着帮助根儿如何应对他人的评价。我告诉根儿："你是一个非常爱学习的孩子，你喜欢做科学小实验，写了那么多科学实验的小论文；喜欢读书，你的成绩常常年级第一。妈妈认为你不仅是爱学习的孩子，还是非常优秀的孩子，只是你与其他的孩子不一样，你用自己的学习方式就可以达到目标。"根儿流着泪说："可是，我的成绩再好，老师也说我是不爱学习的学生。"我继续道："老师也是人，是人就会犯错误。老师以是否做了假期作业来评价你是不是爱学习的孩子，这种评价方式是错误的。你做的那些实验和写出来的报告，只有爱学习的孩子才能够做出来，对吧？"根儿停止了哭泣："我本来就是爱学习的，只是不爱做那些无聊的作业！"根儿心里对自己认识得很清楚。我说："妈妈支持你，你也要坚信自己是爱学习的孩子！老师说得对的我们就听，说得不对的我们就不需要听了。"

为了更好地帮助根儿认知自己，我找到了学校的科学老师，将根儿的化学实验报告以及他曾经写的有关数学发现的文章给老师看，向老师提出为根儿举办一次专栏展示。科学老师非常喜欢根儿的文章，立即同意。于是，在学校专门用了一个专栏展示了根儿图文并茂的科学小论文。

那天，我和根儿手牵手，一起站在他的科学论文专栏前，他的眼睛里闪耀着激动和喜悦的光芒，浑身散发出来成功后的自信与幸福。从他激动的眼神里，我也看到了他对我的信任和感激。我对根儿说："全校每个同学都可以完成老师的假期作业，而他们没有做出你这样的科学论文，只有你做到了！"根儿看到学校对自己的认同，看到了科学老师对自己的认同，坚信了自己是一个爱学习的好孩子，这是他建立的自我意象。积极正面的自我意象是孩子产生自尊自信的基础。

这次交流像一束阳光照亮了根儿自我认知的智慧之眼，让他能够看清楚自己到底是怎样的人，同时理智地对待他人的评价，不为权威的评价而丢失了对自己的判断。我让根儿记住一句话："我爱我师，但我更爱真理。"此刻的真理就是：我是一个爱学习的好孩子！在后来的日子里，根儿学会了分析他人对自己的评价，这对根儿建立自我认知能力是至关重要的。

跳级风波

四年级上学期刚开学，根儿班里的一位同学跳级到了五年级。得知同学跳级后，他怒气冲冲地回到家里，质问我："你为什么不告诉我学习是可以提前结束的！我可以早点读完小学！我的成绩比他的好，他跳级了，我也要跳级！"根儿认为学校浪费了他太多的时间，很多知识他可以在短时间内学完，但却要跟着进度走，还不能够自由支配时间，他已经有厌学的情绪了。

我平静地和他谈了那个同学跳级的情况："他的父母是中学老师，他们从三年级就开始为孩子跳级准备，所以他可以直接跳级到五年级。而我们没有任何准备，如果你要跳级，就要花大量的时间学习落下一年的课程。因为缺失了一年的课程，跳级后你的学习会很吃力，不像你现在这样轻松。"根儿不理解，他坚持认为自己跳级后能够保持好的成绩，他也愿意花很多时间补上落下的课程。我决定让他尝试，只有经历了这个过程，他才能够明白自己到底是否适合跳级。

我和根儿制定出了跳级的计划，得到了孟爸的支持。我们到书店购买了四年级下学期的课本，根儿开始自学。我找到学校的领导谈了根儿跳级的想法。之前，校长多次劝我让根儿跳级，我一直不同意。现在我自己提出来了，她当即答应。我找到根儿即将进入的五年级班级的班主任，介绍了根儿的情况，班主任表示接受他。于是，我在学校找了课桌和椅子，搬到根儿的新班级，一切准备就绪。在开学一个月后，根儿跳级到了五年级。那天，看到根儿高兴地走进五年级的教室，我终于松了一口气。

在我为根儿奔波跳级的这一个月里，根儿提出选择性上课的方案，他只学数学课和英语课，其他课课程不学；在家里自学落下的课程，为跳级做准备。我答应了他的方案。于是，我硬着头皮又向学校提出给根儿选择上课的自由度。我知道我的要求给学校和班级的管理带来很大的麻烦，为了根儿我也豁出去了。校长非常开明，同意我们的方案，只是要求我们自己负责孩子的安全。因为我们家离学校很近，儿子上完选择的课程后就回家。这段时间里，根儿自由地进出校门，到了数学和英语课的时间，他就进学校；其他课程的时间，他非常自由，可以在家里自由看书，这正是他盼望的学习方式。

就在根儿跳级的第一天晚上，下晚自习后，他回到家告诉我："妈妈，我已经把所有的东西搬回到原来的班级了，我不跳级了！"天啊，我辛苦一个月得来的跳级，就这么结束了！我很快镇静下来，内心非常高兴：本来我就不支持他跳级，我希望他就这样轻松学习。所以，我没有一句责备根儿的话，但是我不明白他为什么回到四年级，也不敢随便发问，怕伤害他的自尊心，只是平静地对他说："只要你愿意，回来就回来吧，这样你还很轻松啊！"之后，我找到了当天给根儿上课的五年级老师，他们说根儿能够跟上学习的进度，他们也不明白为什么根儿回到四年级。我一直担心根儿回到班级被同学嘲笑，担心他自尊心受伤，时刻关注着他的情绪和心态；可能是根儿心思单纯，没有我想的那么复杂，从他的表现来看，就像没有发生过跳级事件似的。

几年以后，根儿上初中了。有一天我们一起散步时，我问他："那次跳级为什么你只待了一天就回原来班级了？"他的回答让我大跌眼镜："我以为五年级的作业比四年级的少，结果发现五年级的作业比四年级的还要多，连课间操这么一点时间老师都要布置写一句话的作业，所以我就回四年级了。妈妈，你当初说得对，不跳级我可以轻松地学习，成绩才能够在全年级里拔尖，才可能获得奖学金！"

每个孩子在成长的过程中都有一个"逆反期"，或许，根儿的"逆反期"来得早一些。在孩子逆反的时期，我能够做的就是帮助他学会自我认识，给他创造自我教育的机会，让他有足够的时间获得经验，然后去修正自己，慢慢变得成熟起来。逆反期的本质是孩子需要按照自己的意愿经历成长过程，获得成长的经验。他们不想按照成人的指示和安排，更不想全盘接纳成人的意见和建议，他们期望自己从经历中获得经验；如果这样的想法和做法遭到成人的阻碍，两代人之间的战争便会爆发。这就是为什么很多孩子到了青春期后，与父母水火不容的原因。

厌 学 阶 段

让根儿主动回到课堂

享受了自由选择课程学习的快乐后,根儿不愿意再按部就班地到学校学习了。跳级风波之后,根儿认为四年级的课程非常简单,除了英语课,其他课程都用不着到课堂上去听老师讲课,他提出要继续在家里自学。我再次面临育儿智慧大考验。

和孟爸商量后,我们决定同意他的请求,但我们也向他提出了一个要求:必须参加学校的每一次数学考试,如果数学考试成绩低于90分,就要回到教室里听课。当时我认为数学是需要老师点拨的,而语文和英语可以自学;所以,我对根儿只规定了数学成绩达标要求,对其他科目成绩没有要求。同时,我与数学老师做好了沟通。

根儿满心欢喜地答应了我们的要求。此后,每天他只到学校上英语课,其他时间就回家自学,或者做自己感兴趣的事情。当我再次找到学校领导时,校长对根儿也有了一定了解,同意了我们的要求。但是,根儿的班主任和任课老师们非常不高兴,他们认为根儿的行为对班里同学的影响太大,他们不好管理班级。我非常理解老师们的想法,如果我是根儿的老师,我也会有同样的感受。我努力和老师们沟通,鉴于我当时在学校里研究小学生性教育,为孩子们上性教育课,又是学校的心理健康老师,所以,老师们认为根儿有一个做性教育的"另类"妈妈,根儿也许就是要"另类"一些吧!他们默许了我的做法，同时劝我不要太迁就孩子。

就这样，根儿的自学生涯开始了。可是，他根本无法做到管理自己，每天早上睡懒觉，不知道如何管理学业。我决定暂时放任他一段时间。两周之后，数学老师通知根儿到学校参加数学单元测验。过了几天，根儿拿回试卷给我看，这一次的数学测验成绩是70分。我笑着问他："你的成绩低于90分了，明天回学校上课吧！""我不回去上课，下次就可以考上90分了！"根儿坚持不回学校。

过了两周，根儿参加了第二次数学单元测验。他拿回试卷给我看，成绩是72分。我心里想：看你能够坚持到什么时候！平静地问他："明天想回学校上课了吗？""我不回去上课，下次考试我会考好的！"儿子依然坚定不移。但是，他依然不能够管理好自己在家里的时间，照样睡懒觉，看课外书。

看着根儿整天不去上学，在家里帮衬我的干妈看不下去了。她从小把我带大，现在来帮我照顾根儿。她生气地对我说："所有的孩子都去学校上课，你为什么同意他不上课呢？这样教育孩子的父母我还没有见过！"我的母亲也极力反对我的做法。根儿的老师也告诫我："你的儿子这样折腾会使成绩很快下降的！"我一边安抚着老人，一边应对着老师。但是，我还是坚持着。我当时的想法是：根儿已经厌学了，出现了如此大的叛逆行为，我们必须要帮他渡过这个心理危机阶段。我与孟爸达成了共识：学业成绩当然重要，心理健康更加重要；拿出这个学期来折腾，只要他的心理危机渡过了，凭着根儿的智商，成绩自然不成问题。

开学两个月后，根儿的第三次数学测验成绩是70分。他将试卷拿回来给我，我还没有等我说话，他先开口了："妈妈，我还是回学校上课好了！"哈哈，我终于等到这一刻了。我问他："为什么决定回学校上课了呢？"根儿回答："我的数学老大地位被动摇了，以前我的数学和英语成绩是班里最好的，同学都很崇拜我，封我为老大。现在我不是最好的了，他们崇拜另一个同学了。我要回学校夺回数学老大的地位！"我心里暗自好笑，原来是荣誉感驱使根儿回校，这是我没有预料到的。不管怎样，我的目的达到了——他自愿回校上课，而不是我强迫他回去。根儿终于认识到，如果不听老师讲课，成绩就不能够保持优秀；懂得了自己的地位要靠实力维护，不再自高自大、自以为是；学会了对自己的行为负责任。在后来的学习过程中，他始终坚持认真听课。根儿的成长证实了我们当初坚持"折腾"的正确性。

  教育孩子的最高境界是给孩子提供自我教育的机会，让孩子学会自己教育自己，只有孩子自己体验出来的"真理"才对他有用，这才是孩子真正的成长。我不希望根儿是一个"听话"的孩子，那些"话"是我们的经验，不是他自己的认知。如果我当时反复告诉他"不听老师讲课，成绩就不能够保持优秀"，强迫他到学校上课，根儿内心会认为我们不相信他有能力自学，他始终没有机会发现自己不能够离开老师的帮助，他会一直为此抵触上课和抵触老师，厌学的情绪会更加强烈，也会出现与我们沟通的障碍，这样的方式会使教育效果适得其反。

到四驱车店打工

根儿回校上课不久，2002年底的"非典"来了。全国除了云南和西藏，所有地方都出现了"非典"病人。这种由呼吸道传染的疾病可以导致死亡，全国一片恐慌。我当时在学校兼有医务室的工作，"非典"使我的工作量大大增加。为了根儿的健康和回避一些老师给他的压力，我和孟爸决定让根儿回到昆明，待"非典"结束后再回校上课。

然而，我们不知道"非典"何时结束，不愿让根儿在家里无所事事；和孟爸商量后，决定送根儿到四驱车小店里"打工"。当年，根儿在昆明上学时喜欢的那家四驱车小店还在，老板还是那个年轻和善的小伙子，他很喜欢根儿，安排根儿做一些修理四驱车的工作。根儿对于这个安排非常乐意，第二天，根儿就到小店"上班"了。

每天上午9点，孟爸将根儿送到店里。下午4点，根儿"下班"后自行回家。每天他可以从老板那儿获得10元的工钱，这让他兴奋无比，觉得自己很有能力，他的表哥表姐都还没有挣钱，他就已经挣钱了。有一天，我看到他得意地对表哥说："我挣钱了，我以后一定可以养活自己啦！"至今他都不知道，老板每天给他的10元钱是孟爸悄悄递给老板的。孟爸与老板约定：给根儿安排的工作不能够太轻松，不能够告诉他钱是我们给的。老板答应保守秘密。

一个多月后，根儿恋恋不舍地结束了"打工"生活，回成都参加期末考试。他告诉我，打工的那一个月是他最自由和幸福的时光，他的四驱车装配和修理技术受到了老板的夸奖和小朋友们的羡慕,获得了极大的成就感;虽然老板每天安排搬运的重活让他做,累得不行他也不会偷懒。他非常怀念这段时光。

坚持不上补习班

根儿初中实验班里的同学，绝大多数都在周末上补习班，他们从周五就开始马不停蹄地补语文、数学、物理、化学、英语等。根儿坚持不上补习班。根儿的周末是在睡觉、玩电脑游戏、看电影、购物中度过的。我认为孩子和成人一样，周末需要休息。每周五天繁重的课业已经让孩子疲惫不堪，他需要放松休息，为身体充足电，以应对下一周的学习。同时，这两天的放松还能够调节孩子的情绪和心态，每周都能够看到自由休息玩耍的希望，帮助孩子建构起劳逸结合的生活方式和为健康负责任的理念。

由于没有上补习班，根儿的数学考试成绩总比不上那些补课的同学。数学考试成绩明显下降，从刚入学时的数学尖子降到了中等。面对根儿成绩下降，我一般不是责备和督促，而是与根儿讨论成绩下降的原因。根儿告诉我："我们同学几乎都在校外上补习班，每次考试的题目他们都在补习班里已经做了一遍，所以能够轻松拿到高分。我没有上补习班，所以我的成绩考不过他们。"我问："如果这样，你想去上补习班吗？""不去！我没有上物理化学的补习班，我的成绩照样是年级里最好的！"根儿还是坚持不上补习班。

我对根儿说："试卷上的题目你没有见过，你的每一次数学考试都是真枪实弹地答题，每一次数学成绩都是真实实力的体现。而你的同学每次考试是在吃回锅肉，在考试中一旦碰上没有见过的题目就会心慌。所以，你会保持住真实的数学实力。"面对数学分数和数学实力的选择时，根儿和我都选择了数学实力。我们坚信只要具备了真实的实力，根儿的数学成绩会从低谷走出来。

有了这样的信念，无论根儿的数学成绩在班级处于什么状态，我都淡定从容。初中二年级时，他的总成绩一度下滑到年级第280名（整个年级共有1 400多名学生，其中两个实验班有100名学生），作为实验班的学生，这个成绩已经很差了。我们没有纠结根儿的成绩，只是希望他的成绩不要继续下滑。同时，我和孟爸调整了心态，之前希望他能够保持在年级前50名，这个名次在升入成都外国语学校高中时，有希望获得一等奖学金，这样我们可以少交3万多的学费。现在，我们调整了期望值，只要根儿能够考入本校的高中，我们就满足了。根儿当时的成绩考入高中是没有问题的，这个调整让我们和根儿都没有压力。

进入初三后，根儿的数学实力开始展示，成绩渐渐回升，物理和化学成绩依然保持优秀，语文保持中下水平。初中毕业时，根儿三年的平均成绩为年级第94名，进入本校高中已经没有问题。根儿如果在学校的奖学金考试中进入前150名，就有可能获得奖学金。此时，我们已经决定到深国交读高中，放弃了成都外国语学校。

考试不过是一次普通作业

从根儿进入小学开始，对于他的每一次考试我们都将其视为一次普通的作业。小学一年级时的第一次期中考试，我就让根儿保持"考试就是一次作业"的心态。我告诉根儿："考试就是一次作业，你平时怎么做，考试就怎么做。"我们的生活节奏也不会因为根儿的考试而打乱，该散步还是散步，该看电视还是看电视，这样的日常节奏不会让他感觉考试的紧张，也不会让他感觉考试与平日有什么不同。我希望根儿对于学业始终保持一种认真而镇定的心态。

从小学到高中毕业，根儿参加过的考试不计其数，我们基本不过问他的考试时间，也不会提醒他："要期末考试了，抓紧认真复习啊！"我们也不会从他的情绪中探察他是否已经开始考试了。由此，帮助根儿建立起来自我管理考试事宜的能力。在根儿漫长的学业生涯中，我陪伴他考试只有两次：一次是小学六年级参加全国奥数竞赛，老师要求家长接送孩子到考场，所以我去了；还有一次是到深圳参加深国交的入学考试，进入考场找到座位后我就离开了，没有说更多的话语。其实，很多妈妈在孩子考试前千叮万嘱，反而把自己的焦虑和紧张情绪传递给了孩子。

我们在内心深处真正把根儿的考试当成了一次作业，所以，在对待根儿的考试成绩上，我们也很淡定。根儿只有在非常重大的考试后，才向我们简单地汇报成绩；一般的期末考试成绩他觉得不需要告诉我们，即使是考得第一名，根儿也可能不会跟我们讲。当他高兴地向我们报喜的时候，我们会回应他："哇！你太棒了！"然后拥抱和亲吻一下表示祝贺。我们从来不设物质奖励。如果他没有报喜，我们只是从老师那里知道了他骄人的成绩，我们一般不会主动在他面前夸奖他。他不提及考试成绩，我们也不会主动提及。我们对待根儿成绩的原则是：他愿意与我们分享成绩，我们欣然接受；他不分享或他根本不在意他的考试成绩的时候，我们也欣然接受，因为考试成绩是他自己的事情。总之，家里的气氛从来不会因为他的考试成绩而阴晴不定。

一些家庭会根据孩子的考试成绩来对孩子进行奖惩：考试分数高，全家像中了大彩，又是口头表扬，又是物质奖励，不仅父母犒赏孩子，连爷爷奶奶也跟着起哄；当孩子考试成绩没有达到父母的理想，这下孩子就得遭殃了，爸爸先骂，妈妈后打，爷爷奶奶也气得唉声叹气……孩子的考试成绩成为一家人情绪的警报器，搞得孩子不知道家人爱的是自己，还是爱自己的考试成绩。家人的做法严重影响了孩子的自我认知。

幸福快乐在人间

在根儿初中毕业前夕，我们经历了震惊世界的"5.12"汶川大地震。地震发生那天，我正在河南南阳讲课，孟爸刚好在成都陪根儿。经历了近40秒的剧烈摇晃后，孟爸从我们居住的电梯公寓18楼逃了出来。因为学校教学楼没有倒塌，根儿也安全地回到了家。父子俩在大学校园的走道里睡了三天。

两天后，我才从河南辗转回到了成都。家里书柜整个倒地砸烂，我的书全部撒在地上。孟爸告诉我："地震那一刻房子剧烈摇晃，我只好抱着头蹲在洗手间里，听着对面女孩的尖叫声，没敢想到还能够活着跑出来。那一刻只想到了儿子，也没有来得及想到你。"因为居住在18楼，加之房子已经有裂缝，我们不敢住在家里，于是到我母亲那里住了一周。那一周里，我们被地震后的余震骚扰着，曾经两次夜里从睡梦中惊醒，然后跑出家门。日子过得动荡不安。根儿不知道什么时候复课，毕业考试也不知道什么时候能够进行。想到根儿已经被深国交录取，我们决定回昆明的家。经历这次地震之后，我们深深地感受到，一家人能够健康幸福地在一起生活，比什么都重要！

地震发生后，电视里播放了北川抗震救灾的人物事迹。我看到了一位女教师的故事：一位北川中学的女教师，在地震发生后，一直坚守岗位，从倒塌的教学楼里抢救学生，而她清楚地知道，自己上高三的女儿就被埋在离她不远的一堆废墟里。两天后，女儿被刨了出来，已经没有了呼吸。妈妈抱着已经冰冷的女儿，没有哭，双眼无神地看着远方，自言自语："现在她轻松了，想怎么玩就怎么玩。她太辛苦了！她再也不用做那么多的作业了，每天可以早点歇息，可以看小说，穿漂亮的裙子，和朋友尽情聊天……"她无神的双眼和喃喃的自语深深刺痛着我的心！

此时，在我的手机短信中，收到了这样一首诗，《孩子，快抓紧妈妈的手》——献给在四川地震中遇难的孩子们，诗中的每一句都深深地撕裂着经历了地震中失去孩子的父母：

孩子，快抓紧妈妈的手，去天堂的路太黑了，妈妈怕你碰了头，快抓紧妈妈的手，让妈妈陪你走！

妈妈，我怕天堂的路太黑，我看不见你的手，自从倒塌的墙把阳光夺走，我再也看不到你柔情的眸！

孩子，你走吧，前面的路再也没有忧愁，没有读不完的课本和成长的烦忧，你要记住我和爸爸的模样，来生还要一起走！

妈妈，你别担忧，天堂的路有些挤，有很多同学和朋友，我们说不哭，哪一个孩子的妈妈，都是我们的妈妈，哪一个孩子都是妈妈的孩子。

没有我的日子，你把爱给活着的孩子吧！妈妈你别哭，泪光照亮不了我们的路，让我们自己慢慢地走。

妈妈，我会记住你和爸爸的模样，记住我们的约定：来生一起走！

看到"孩子，你走吧，前面的路再也没有忧愁，没有读不完的课本和成长的烦忧，你要记住我和爸爸的模样，来生还要一起走！"我在想，为什么孩子们去到天堂之后不再有繁重的学业压力，成了妈妈们在失去孩子之后的最大宽慰？我的泪水止不住，流泪的同时我发誓："我决不要根儿在天堂里才享有快乐，我要他幸福快乐在人间，在与我同呼吸的每一个日日夜夜里！"

为此，我庆幸自己曾经拼命地帮助帮根儿减掉那些做不完的作业和交不完的答卷；我庆幸自己把他带到深圳上学，让他能够享受到学习带来的愉悦；我庆幸自己竭尽所能地让根儿对知识保持着探究的热情；我庆幸根儿能够感受生活的快乐与幸福！

到深圳上学的第一个国庆节，根儿回到了昆明。在机场看到他的一瞬间，我感觉到了深国交的魔法：根儿曾经昏暗无助的眼神消失了，眼睛里有了快乐自信的光亮；曾经佝偻着的背变得直挺了，整个身体散发着青春的气息；曾经抑郁的脸变得阳光一般灿烂，一脸微笑地向我们走来。

一天晚上，我和孟爸坐在客厅的沙发里看电视。根儿在我们旁边举着哑铃锻炼身体，他突然说了一句："我觉得我们家好幸福！"我抬头看他，眼里充满对根儿的感激。多年来的养育期待，就是想让根儿能够感觉幸福的味道。今天，这个期待成为现实。此时，他也正看着我们，眼里满是幸福的光芒！

Chapter 10

保护孩子选择人生的权利

孩子的专业关系到孩子天赋的发挥和未来的人生。保护孩子选择专业的权利，就是保护孩子未来的幸福人生。

剑桥大学的退学风波

在剑桥大学里，儿子的眼界开阔了许多。虽然课程繁忙，但他尽可能地参加其他学院举办的讲座。这些举办讲座的老师都在自己的专业领域有着不同凡响的建树，甚至还有诺贝尔奖获得者。老师们在讲座中给学生们演示了自己的某个发明创造的具体研究过程，给根儿带来了很大的启发。根儿还去旁听数学、工程学等其他专业的课程，与不同专业的同学交流，因此才明白数学和工程学更适合他的智力结构。在与工程专业学生讨论工程学方面的问题时，他的观点被这些工程学专业的同学所赞同；在参加一个科研方法展示的讲座后，他懂得了数学对于他实现未来梦想的意义……于是，根儿开始有些后悔选择了生物学。

对于根儿来说，剑桥大学如同一个万花筒，他看到的每一面都绚丽多彩，被深深吸引。同时，根儿也开始重新审视和认知自己的生命，他希望自己能够成为剑桥老师们一样的人，在科学研究中享受生命的幸福感。这样的影响一直持续到了根儿剑桥大学毕业后的选择。

根儿进入剑桥之前，对剑桥大学专业内的课程体系和学习方式没有进行详细了解。进入剑桥大学之后，在没有详细了解专业和课程结构的基础上，他便想当然地选择了自然科学类的生物专业方向。由此，第一学年的课程有生理学、细胞学和化学。由于没有认真进行专业与学科结构的研究，为根儿带来了一次退学风波。

生理学和细胞学的学习方式让他头痛不已，完全是死记硬背，每堂课的知识量都很大，要记的东西很多。比如，某一个实验的起源，这个实验是谁做的，在哪一年做的，结果是什么，实验发明者的名字……几十年来的生物研究，各种实验多如牛毛，每一个实验都要求学生记得，对于记忆力发达的根儿，这也并不是很困难。但是，他的内心极其排斥："这些东西到网上一查就可以查到，为什么要记啊！我不想记，我想学的不是这些！"内心排斥之下，根儿学习起来备感痛苦。

剑桥大学严格而枯燥的专业训练让根儿感觉难以适应。生理学和细胞学的死记硬背，还有每周的综述论文，他认为这样的学习方式死板且无新意，没有发挥他的大脑结构优势，浪费了他的天赋。在与我视频时，他对着视频激动地讲述着自己对学习的理解，甚至叫喊着"我要做一个真正的科学家，而不是高级实验员""我无法忍受每天死记硬背做实验""虽然我将来可能有所成就，但我不快乐""我越学越没有兴趣了，我没有激情，没有动力，大脑被这些东西塞得满满的，这样的学习根本不需要我动脑，不需要我的发散思维，不需要我的逻辑推理能力，每天就是死记前人的东西，这样的学习我一点都不享受"……

每当根儿发泄不满时，我和孟爸都认真地听着，接纳着他情绪的宣泄。孟爸对我说："他以前不是很喜欢做科学实验吗，怎么现在不喜欢了？"孟爸听到根儿说不享受学习，觉得不可思议，对我说："学习本来就是吃苦的，谈什么享受？我从来没有听说过学习是一种享受。学海无涯苦作舟！这点苦都吃不下来啦？"我知道孟爸没有经历过享受学习的过程，所以他不能够理解；而我享受过，我能够深深理解根儿的痛苦，也能够理解他对另外一种学习状态的向往。

我们认为，根儿做出的结论尚不成熟，剑桥大学八百多年的历史沉淀，这样的教学方式一定有其道理。入校后第一年看似死板的要求，恰恰是对未来想要做科学家的人进行的基本素养和技能的训练。老师要求死记硬背的基础知识，是未来建构学业大厦的基石。没有这样的基石，一个人的想象力、创造力、发散思维能力就没有附着之处。皮之不存，毛将焉附？科学家的研究成就就是在这样看似枯燥无趣中产生的。我们与根儿交流了看法，然而他并不接纳我们的观点。

怀着对数学专业的热爱和期待，对生物专业的无奈与困惑，根儿想到了转换专业。但剑桥大学的规定是，从自然科学不能够转换到数学或工程专业，除非从剑桥退学后重新考入。这让根儿非常痛苦。根儿进入剑桥大学两个月后，便向我们提出了退学的想法，他决定退学后重新考入剑桥数学专业。

根儿的退学决定令我们措手不及。与根儿视频通话几次之后，我和孟爸开始为根儿的退学做好思想准备。我们和根儿约定用两周的时间来思考，把这件事情想透彻之后，再做决定。无论是继续留在剑桥，还是退学，我们都尊重并接受根儿最后的决定。

我们帮助根儿厘清思路，提醒他要考虑清楚两个问题：第一，如果决定退学，要等到第二年的十月开始申请，第三年十月进入大学，要经历两年的时间才能够重新入学，你是否愿意等待这么长的时间；第二，退学后重新考入剑桥的数学专业是否有把握？如果不能够考入剑桥大学数学专业，是否接受其他大学。另外，我们建议他尽快与学业导师见面，和导师谈一下自己的想法，同时，尽快找招生办公室老师问清楚相关事宜，做出是否退学的决定。我们向根儿表示：这些问题有了清晰的答案之后，无论你做出什么决定，我们都会支持你的！我们认为，他已经有权利选择自己的人生，并接受自己选择的后果。

在帮助根儿厘清思路的同时，我和孟爸也需要厘清内心。孟爸很镇定，他认为根儿的人生道路还很长，有几年的折腾不是坏事，只要他真正弄清楚了自己要的是什么，就不是瞎折腾。现在的大学生很多都不清楚自己要什么，大学毕业后都放弃了四年所学的知识，改行了，这是对自己一生太大的浪费；儿子才多用两年的时间来折腾，不算多。

虽然我表明了支持根儿的态度,内心却不能够平静下来。那一夜我失眠了。我反省自己对根儿的教育,同时也在思考自己的成长之路。考大学之前,因为父母是医生,我向往着做一个白衣天使,救死扶伤,治病救人。待我考进了重庆医科大学儿科系后,才发现自己不喜欢医学,医学有太多死记硬背的知识。工作后也发现自己不喜欢做医生,然后开始折腾,从医院辞职,做医药代表到医院推销药品;再辞职,到云南省卫生学校做老师;再辞职,到成都外国语学校附属小学做校医;再辞职,做自己喜欢的儿童性教育研究……从18岁上大学折腾到38岁,已为人妻为人母,才走上自己认定的人生路。二十年中的痛苦与无助,只有我自己知晓。如果根儿才花两年的时间能够走上自己认定的人生路,以后不再像我一样折腾,我也觉得这是值得的折腾。于是,心慢慢平静下来,等待儿子做出决定。

等待儿子做出决定的那两周时间,感觉特别漫长。我想到了比尔·盖茨当年从哈佛大学退学,也想到了乔布斯当年从斯坦福大学退学。如果没有他们当年的退学,也就没有了现在的微软和苹果。然而,我想得更多的是盖茨和乔布斯的父母。我对孟爸说,以前读比尔·盖茨和乔布斯成长的书,从来没有体会过他们父母的感受,现在我仿佛正在经历他们当初的感受——孩子准备从世界名校退学!也只有现在我才体会到做这些生命能量特别强大的孩子的父母有多么的艰难!

孟爸知道我一夜未眠,他以为我是难以对博客上的粉丝们交代。他问:"你是不是在想,如果儿子从剑桥退学,你对你的粉丝们如何交代?"我回应:"不是,这个问题我想过。但很快就得出了答案,根儿退学,这是他自己的事情。如果一定要有交代,我会如实写博客,讲出事实来,反而心情轻松。关键是我们两个的心态!如果我们能够真正接纳和正视根儿的退学,我们就没有心理负担。别人怎么议论,都不会影响我们的决定。"孟爸继续问:"根儿从剑桥大学退学,你会不会觉得丢脸?"我回答:"根儿不觉得丢脸,我就不觉得丢脸。我们又没有做对不起别人的事情,不存在丢脸一说。如果别人觉得我们丢脸了，那是别人的认为，与我无关。"我历来有屏蔽别人误解的能力，无论根儿退学会引起多大的风波，都不会影响到我。

两周之后，根儿与我们视频。看到视频中的根儿平静的面容，他已经不再焦虑，有了自己的选择。根儿面带笑意地告诉我们："我决定不退学了。"我和孟爸悬着的心落地了。我们问："不退学的理由是什么呢？"根儿告诉我们：第一，他认真考察了数学学科和工程学，觉得自己在高中四年里没有认真准备这两个专业的相关知识，如果退学后仅用一年的时间是难以达到高级水平的，如果没有高级的水平，将来难以被剑桥录取，他只想在剑桥大学读书，不接受被其他大学录取的结果。第二，数学和工程学也有一些课程他不喜欢，无论任何学科都有自己目前不擅长不喜欢的课程，所以，换了专业也要面对自己不擅长不喜欢的课程，与其如此，不如直接面对生物专业课程的困难。第三，第一年的课程结束后可以直接转到制药专业，但制药专业要学习有关制药的成本核算等内容，像是培养高级管理人才而不是培养科学家的方向，所以，不打算转专业。第四，第一年课程结束后可以直接转到物理专业，但物理专业的就业前景没有生物专业好，所以，不打算转物理专业……根儿选择了继续留在生物专业学习。

当根儿决定不退学之后，他开始重新审视自己的专业与生命的关系，回到自己选择专业的初衷。根儿对我说："妈妈，我在高中的时候，生物总是能够考得好成绩，所以上剑桥大学后，我就选择了生物；我没有认真考察专业就做出了选择，是因为我太功利了，不想花更多的功夫探究其他学科，就看喜欢生物而且成绩也好就选择生物专业了。到了剑桥大学才发现，科学的世界如此之丰富，眼界才打开，但是没有回头路了！"我问他："如果现在决定继续学习生物，那么是否做好了接纳每周两篇论文的心理准备？"他说："我没有选择了，只有写好论文，才能够获得好成绩，我做好准备了。"这正是我内心想要的结果！有时候，父母放开手让孩子自己做出选择，他们才能够安心于自己的选择。退学风波就此结束。

很长一段时间后，我和一个朋友谈起了根儿的退学风波以及他在这次风波中的成长。她听完后说："如果是我的孩子，我会先骂他一顿，好不容易考上的世界名校，说退学就退学啊，哪有这么容易的事情！"如果以前我不懂得尊重孩子，不懂得什么是真正的爱，不懂得给予孩子自我教育的机会，我也会像这位朋友一样。现在，我不会这样简单粗暴，因为我懂得爱孩子的方式了。

再次与数学失之交臂

虽然决定不退学了，也觉得自己做好了继续学习生物科学的准备，但根儿没有停止对自己未来的思考。

在一次听了剑桥大学一位大师的讲座之后，根儿在视频里对我说："妈妈，你知道学习的快乐来自哪里吗？当你把自己已经学到的知识用于不断的创造中，在创造中又获得新的知识，这样的学习才会有乐趣，才是让人享受的啊！"我明白根儿的意思。当初我自己开始研究儿童性心理和儿童发展心理的时候，就是把我看懂的一点点知识，用于解释儿童的行为，然后在此基础上提出帮助儿童的方法，并把这些方法传授给父母们。这个过程让我非常愉悦，我享受到了运用知识和自己创造的快乐。正是这样的快乐和享受，让我在对儿童性教育的研究中坚持了十多年！

根儿继续和我聊天："妈妈，我们学习的目的不是为了改变世界，而是为了自己的精神享受。比如，学习艺术的人，他们更多的是用艺术的方式表达自己的内心世界，而不是为了去改变世界。在他们用艺术形式表达自己的时候，他们在享受自己的表达，他们就会获得精神的快乐，这才是学习的本质！当初我选择生物专业的时候，想到生物专业是一个很有前途的专业，我想有自己的发明和创造，想有改变世界的研究成果；现在，我觉得我的想法很功利，这样的想法会让我走不远。只有我的精神能够享受这份研究的快乐时，我才能够走得远。"在剑桥大学里，受到大师们的点拨，根儿的人生观和世界观在发生着剧烈的改变，开始重新定位自己的人生态度。

根儿接着说："我现在学习的专业是生物技术应用方向，这是目前世界上最有前景的专业。我也可以学好，也能够毕业，也会有份好工作养活自己。但是我不喜欢，我想做基础研究。打个比方，当一架飞机被设计师设计好了之后，需要有人按照设计来制造各个部件，然后还需要人按照设计师的设计来安装各个部件。按照我现在的专业，我将来就是安装人员。我不想做安装师，我要做最源头的设计师！所以，我需要重新选择课程，不能够按照现在的状况继续下去了。"根儿对自己的认知越来越清晰，我不敢肯定他对目前专业的分析是否是全面和准确。即使他的分析有误差，或许换了选课的方向也并不如他所愿，至少，他按照自己的方式选择了、经历了，这就是财富。他还年轻，有足够的时间和资本为自己的未来做选择。

我告诉他："无论你做出怎样的选择，我们都支持你！"在放弃了退学的打算后，根儿决定在自然科学这个大的专业范围内进行调整。第一学年的最后一个学期，根儿与导师进行了沟通。根儿提出选择材料学专业，从大一开始读。导师告诉他，按照剑桥的规定，任何学生都不可以重读。如果根儿要选择材料学，也只有从大二开始学习。根儿觉得从大二开始，不能够保证自己的学业成绩，放弃了这个方案。因此，根儿想到了转化学专业，化学合成是他比较喜欢的。但是当时导师在国外，由于邮件沟通的局限，他没有与导师进行更深入的沟通，不知道可以直接转入化学专业。无望之下，根儿决定转学到英国帝国理工大学学习化学。在查询了帝国理工的专业后，虽然帝国理工的化学专业排名比剑桥低了很多，根儿说他不在乎，只要能够学习自己喜欢的专业就可以。根儿考虑以剑桥大学学生的身份申请帝国理工大学，到帝国理工大学后从大一开始读，毕业后再考入剑桥大学读研究生。我们同意了他的想法，也做好了他多读一年大学的准备。我们明白，这些经历都是根儿的成长过程。

两周之后，根儿与我们通话。他非常开心地告诉我："妈妈，导师回国了，我与导师见面后，他说我第二学年的课可以选择数学和两门化学课，这两门课都是我喜欢的啊。"我一听，大声叫了起来："啊，太好啦！我们再不用折腾到帝国理工啦！但是，你不能够学材料学，有点遗憾啊！""妈妈，只要学了数学，这是最基础的，以后我的研究范围可以很广，加上我学习了两门化学，就可以做很多基础研究了！"这份惊喜来得太突然了，让我足足兴奋了两天。能够学习数学，让他对之前与数学专业失之交臂的遗憾有了一些弥补，这也是让我感到欣慰的。

第一学年就在退学风波和选择专业的折腾中结束了。暑假到来时，根儿回家了。由于大一的时候没有选择数学课，根儿必须要在假期里自修完成大一的数学课程，大二的时候才能够跟上学业进度。根儿学数学的方式是从网上学习，剑桥大学会将第一学年的数学课程、作业以及作业的标准答案都放到网上，根儿轻易就可以学习大一的数学了。他为自己制定了假期数学学习计划，每天按照计划完成学习任务。每天晚上，他要学习数学到夜里12点。有时候，在他兴趣大发的时候，会在家里的一块大黑板上，写满高等数学的推演，乐在其中。

根儿告诉我，在他决定大二选择数学课程的时候，导师告诉他："如果你大二时遇到了数学学习的困难，我们会指派专门的老师来帮助你。"根儿告诉我，这样的帮助是不收取任何费用的。这让我感慨万分，终于明白世界名校的人文精神是如何在她的学子身上体现的。根儿在剑桥不仅仅学习到了知识，更被这样的人文精神熏陶着，这就是世界名校的真正魅力所在！

但是，由于他选择了未来做化学应用研究，根儿最终还是放弃了选择数学，再次与数学失之交臂。

选择化学专业

在第一年的课程中,根儿选择了化学课程。第一学年化学期末考试,根儿因为化学成绩优异被评为了优秀学生,获得了剑桥大学化学部门给优秀学生的奖金———一张200英镑的支票!整个剑桥大学每个年级只有几个学生能够获得这个奖项!200英镑虽然不多,但这却是剑桥大学对根儿的认可!后来,根儿又收到了耶稣学院的奖学金80英镑,还收到了一笔220英镑的奖学金,一共收到了500英镑的奖学金。同时,根儿分别收到了导师和耶稣学院管理教学的负责人的祝贺信。导师在贺词中说:"生物专业的学生很少能够在化学学科上取得如此优异的成绩!"管理教学的负责人告诉根儿:他被选为了学生代表,在明年3月的学生交流会上做学习经验的交流。根儿因此被评为2013年耶稣学院生物学科最优秀的学生,被载入了剑桥大学耶稣学院2013年年鉴。根儿说这个学科只评选一名学生。孟爸说:"根儿被载入了耶稣学院史册了。"

由于根儿第二学年的学科方向调整为化学方向,学校为根儿选配了新的导师。这是一位在化学研究上有独特建树的科学家,在剑桥大学领导着一个实验室。新的导师对根儿也极其负责,在假期里就与根儿通过邮件讨论第二学年的选课问题。之前,根儿决定选择两门化学和一门数学,导师认为如果根儿将来不做基础研究,而是想做应用研究,选择数学就没有意义,应该选择一个能够支撑根儿做应用研究的学科,比如药理学之类。也就是说,根儿需要想清楚将来是做基础研究,还是做应用研究;想清楚这个问题,才能够选择课程。

在根儿犹豫不决之际，导师将自己多年前的一位学生介绍给了根儿。这位学生已经从剑桥毕业多年，现在已经工作了。当年他在选择学科时，遇到了与根儿一样的问题，导师让根儿与他交流。这位学长将自己当年选择课程的经历，以及课程选择对于今后发展方向的影响，与根儿做一个深入的交流。同时，导师还为根儿介绍了一位剑桥大学专门从事化学应用研究的教授。与教授进行了邮件交流之后，还约定了开学之后的面谈。导师对根儿如此良苦用心，让我非常感激剑桥给根儿带来的人文关怀。

经过反复思考和斟酌后，根儿决定将来做化学的应用研究，于是放弃了数学，选择了药理学。这让我想到了根儿9岁那年，我带他去参观刘达临先生在成都举办的性文化展览，当时根儿对艾滋病专栏中儿童艾滋病患者非常关注。在我们后来的对话中，根儿说将来长大了要研究治疗艾滋病的药物。9岁那年种下了梦想的种子，或许现在开始渐渐发芽了。希望根儿将来研究出帮助人类攻克疑难病症的药物。

在选定了化学应用研究作为未来的研究方向之后，根儿的内心平静了，他专心学习化学课程。在这一学年中有一次化学小测验，根儿是耶稣学院里唯一获得满分的学生，被同学们誉为学霸。我曾经问过根儿："你现在对选择化学后悔吗？心里还有没有惦记数学呢？"根儿说："我觉得现在的选择是对的，我不后悔没有选择数学。相反，我发现化学专业更能够发挥我三维思维的特长，学习化学让我有得心应手的感觉。"根儿与我讲述了在化学课堂中，当老师与同学讨论分子原子结构的变化时，很多同学要用笔在纸上画，才能够厘清变化的结果，根儿只需要在大脑里就可以完成这个过程。在考试的时候，一些题目更是需要三维立体空间思维能力，这让根儿的思维特长发挥得淋漓尽致，获得高分成绩。经历了这些之后，我在思考一个问题：一个孩子的思维特点和能力，如果与孩子的专业选择是相辅相成的关系，那么，孩子在学习这个专业的时候，一定有"爽"的感觉。我很庆幸根儿的专业选择应对了他的思维特色。

按照剑桥大学本科期间的专业安排，学生在三年本科期间，课程选择逐渐收缩。在大学一年级的时候，根儿选择的是生理学、细胞学和化学，一共学习三门课程；大学二年级的时候，只能够选择两门课程，根儿选择了化学和药理学，其中化学可以选择两门；大学三年级的时候，只能够选择一门专业，根儿选择了化学。虽然第三年的课程选择只有一门化学课，但化学中包含的分支学科多达20多个，学校要求学生必须选择10个以上的化学分支科目进行学习。第三学年，根儿选择了自己感兴趣的11个化学分支学科。剑桥大学不断缩小课程范围的过程中，学生可以确立自己的最终兴趣所在。我认为这是非常科学的设计，对于根儿研究生阶段的选择奠定了基础。

第三学年学业依然非常紧张。每天上午上课，下午进实验室，一直要忙到晚上七八点，才能够完成实验。在回宿舍的路途中，根儿会去超市买上一些喜欢的食材，回到宿舍的厨房自己动手做晚餐；美美地吃上一餐后，还要继续完成当天的实验报告，每一次的实验报告都要认真对待，实验报告的成绩会被计入学年的总成绩。根儿的工作要持续到夜里12点以后才能够睡觉。

在剑桥大学，学生每次实验报告都必须体现自己独立的分析和观点，不可以与其他同学讨论，更不可以与其他同学的观点雷同，否则就有抄袭的嫌疑；一旦发现抄袭，学生会被重罚。根儿告诉我，在剑桥大学四年学习，同学间没有出现过抄袭的问题，因为大家都非常遵守规则，不会去做这般自取其辱的事情。我很庆幸根儿在这样"干净"的学术氛围中成长，养成的学术精神才不会有"杂质"，这也是剑桥大学精神的高贵之处。只有大学的精神高贵，学子的精神才会高贵。

第三学年，根儿的化学成绩非常优秀，获得了年级专业成绩第七名，耶稣学院科学专业成绩第一，获得了剑桥大学和耶稣学院的奖学金。2015年，根儿再次因为成绩优异，被写入2015年剑桥大学耶稣学院年鉴。这一年也是根儿在剑桥大学本科学习的最后一年，根儿以一等成绩本科毕业了。接下来，根儿将在剑桥大学就读硕士。

　　根儿按照自己的规划，顺利地走上"在研究中享受生命"的路。现在，他在中国科学院化学研究所里，做着自己喜欢的化学研究。这个项目的研究打破了传统化学研究模式，以创新的方式研究化学，让根儿大展拳脚。这让根儿很投入，为他进行博士申请奠定了基础。

困难是孩子成长的助力

根儿在剑桥大学的第二学年选择了药理学,这门学科是自然科学专业中最难的。根儿告诉我,剑桥大学的一些学院里都不为学生提供这个学科的选择机会。如果有学生要选这门课的时候,老师一般都会提醒学生要慎重,所以,选择药理学的学生很少。在根儿选择药理学的那一年,整个剑桥大学大约只有50人选择药理学课程,其难度可想而知。在根儿第二学年的学习中,超难度的药理学让根儿逃课了。我感觉到了事情的严重性。根儿在视频里满脸焦虑地告诉我:"上课也听不明白老师讲什么,去了也没有用!还有,都是一些死记硬背的东西,没兴趣啊!"第二学年即将结束之前,考试即将到来,根儿对于自己的药理学成绩万分焦虑,担心花费在药理学上的时间太多,影响化学成绩。

我们开始帮助根儿调整心态。首先,我让他对药理学成绩画出底线,这个底线就是不能够因为成绩不合格被退学。根儿说他能够保证药理学成绩合格,不会被剑桥大学退学;目前是因为想获得一等成绩才如此焦虑。我告诉根儿,当我们遇到困难的时候,在尽力而为的基础上,想好底线,把最坏的结果想清楚,接受这个结果;然后内心就会平静,才能够静下心来完成这件事情,而不会让自己患得患失。第二,在化学和药理学的学习时间上进行调整。根儿决定,与其死缠在药理学里,化学被拖累,不如放弃药理一等成绩的期望,守住不被退学的底线,用化学来拯救最后的成绩。我鼓励根儿,有一个笨办法来解决问题比没有办法好,就按照你的想法来吧!

根儿执行了自己的决策，化学成绩获得了一等，药理学成绩虽然不理想，也达到了二等，第二学年综合成绩为二等上（每一等成绩会分为上下）。剑桥学生的成绩分为五个等级，只有20%~25%的学生可以获得一等学位。根儿感叹道："妈妈，我离一等成绩只差那么一点点啊！"我们笑着祝贺他过关！我们已经非常理解根儿的"考试焦虑症"了。他总是对自己的学业成绩要求太高，担心达不到自己的期望，所以就会焦虑。于是，我们就用最低的标准让他放松，调整一下期望值，他也能够获得满意的成绩。

我一直认为，困难是孩子成长的助力。通过学习药理学遇到的困难，根儿学会了底线思维，学会了把控大局，也学会了放弃力所不能及的期望。

大学毕业后的人生选择

临近毕业的迷茫

在毕业前的两个月，根儿虽然向剑桥大学提出了博士申请，但他却开始纠结到底是继续读博士，还是回国开自己的餐厅。根儿表示已经厌烦整天待在实验室里做实验，写没完没了的实验报告；而对于开餐厅做厨师，他认为那是一件让他最开心的事情。在与他的聊天中，我们认为他对开餐厅的心理准备严重不足，只想开餐厅带来的快乐，没有去想开餐厅带来的种种事务和困难。我们希望他能够继续读博士，因为开餐厅的条件不具备。面对我们的质疑，根儿不予理睬，他说自己在剑桥大学四年，最重要的收获就是"想清楚了自己到底要什么，自己是怎样的一个人"。我和孟爸提醒他要认真考虑，列出计划，考察计划的可行性，最后再做决定。当时我问他："如果博士被录取，你是读博还是开餐厅？"他回答："我可以不读博士！"正在纠结之时，根儿申请博士失败的消息传来。剑桥大学没有给出不接受根儿读博士的原因，这对根儿来说非常突然，他一直认为自己成绩优秀，读博士应该没有问题。面对毕业后做什么，根儿完全没有做其他打算，没有进行任何求职。对于没有获得博士就读机会，根儿不觉得可惜。

这两个月里，根儿开始调整自己的方向，既然不能够读博士，正好有时间学厨艺开餐厅。于是，他开始每天设计未来做厨师和开餐厅的计划，完全将硕士论文置于脑后，对考试也漫不经心，对学业没有了高要求。学年结束时,他以二等(上)成绩硕士毕业。在世界名校学习了四年,丢弃四年的学业,去学厨师开餐厅。我和孟爸认为这不是明智之举,明白这是根儿的一时冲动,我们心里清楚这件事情他可能做不成,所以没有拼命阻止他,只是表达我们的想法,同时接纳他的想法。我们认为根儿已经成人,他有自己的思想,有自己规划人生的权利,即使他真的放弃学业去开餐厅,无论经历失败还是成功,都是他自己经历的人生之路,有失有得,都是积累人生财富。

一位剑桥大学孩子的妈妈,为就读剑桥大学孩子的父母们建立了一个群,我也在这个群里。群里的剑桥爸妈们来自各行各业,我们在交流孩子成长经验的同时,也互相帮助。正在我和孟爸一筹莫展的时候,群里有一位懂食品研究、也了解根儿的Z博士出现了,他的孩子也在剑桥大学就读,与根儿一同毕业。我们在深圳见面交流后,约定在剑桥大学与根儿一起聊这件事。

在剑桥大学参加孩子们的毕业典礼期间,根儿与Z博士见面。面对根儿的想法,他提出了看法:既然喜欢食品研究,可以考虑读食品研究方面的博士,才不辜负四年的学业。食品研究需要化学专业支撑,与根儿的专业契合,未来也能够有更大的发展空间。目前国内非常缺乏食品研究的高端人才,根儿应该走高端人才路线,其研究能够为更多的人服务,而不应该去开餐厅——这是对根儿才学的浪费。然而,根儿并不完全认同Z博士的话,他表示愿意考虑一下Z博士的建议。在对开餐厅的意乱情迷之中,根儿毕业回国了。

寻找生命的方向

毕业回国之后,或许是Z博士的话对根儿起了作用,他认为自己的餐厅应该有高科技支撑,于是,他准备去世界著名的食品研究实验室工作,积累经验之后再来开餐厅。有了这样的想法后,他开始在网上查询,丹麦的一家世界顶级食品研究实验室进入了他的视野。然而，想进入这家实验室工作必须要有博士学位，这下刺激了根儿读博士的想法。就此，根儿放弃了开餐厅的想法，接受了Z博士的建议，开始查询在食品研究专业水准高的大学，准备就读博士，但根儿没有找到适合自己的大学。根儿对大学和专业的世界排名非常在意，这是他挑选大学的"洁癖"。

就在根儿不知所措的时候，剑桥爸妈群里的J教授主动联系我，希望能够帮助根儿。他为根儿提出了报考中科院博士生的建议，专业是新药的设计和研发方向，这是我们国家目前非常需要的研究。新药设计与研发与根儿的化学专业可以进行结合，没有浪费根儿的四年学业，未来发展前景也非常好。我们很赞同J教授的建议，也希望根儿认真考虑。

根儿开始配合J教授的帮助。然而，我们发现根儿的积极性不高。在认真查询了中科院、北大、清华等大学的博士报考资料后，根儿有了自己的想法。在沉默了几个月之后，有一天，根儿认真地与我们谈了他的想法："第一，我不打算报考国内大学的博士，我看了一下博士的英语试题，不知道如何作答，再看了一下政治试题，更不知道该怎么回答，这种考试对我来说完全不适应。第二，在未来的生活中，科学研究将是我享受生命的一种方式，而不是为了赚很多钱，如果我抱着赚大钱的目的去做科学研究，这太功利，我将得不到研究给我带来的快乐。第三，我准备申请美国大学的博士，专业还是我的化学合成，未来在一所大学或者研究机构做研究工作。我能够养活自己，我可以简单生活，我不穿很贵的衣服，不追求名车豪宅，即使是骑自行车上班我也感觉到快乐，就像剑桥大学的那些教授一样，他们每天骑着自行车上班，他们沉醉在自己的研究中，这就是我想要的。"

原来，沉默的这几周中，根儿思考的不仅仅是未来做什么工作，而是未来要过怎样的人生，未来要成就自己怎样的生命状态。根儿说："妈妈，我觉得你现在生活得很好啊，你能够帮助到那么多的人，我将来也想成为你这样的人！"我笑着回应："可是，妈妈不能够挣很多很多钱啊，每天还要辛苦工作很长时间啊！"根儿认真地说："你不需要挣很多钱，你现在挣的钱可以保证你的生活，重要的是，你的内心很快乐，你活得有价值。我也要活得有价值，不要很多很多钱。"我和孟爸很感慨，我们没有想到根儿会说出这番话来，看似木讷的根儿，内心却在关注我们的生命状态，而且能够有自己清晰的认知。我告诉根儿："既然你已经决定了，我们尊重你的决定。其实，只要你认真努力对待自己的工作，你就不用担心自己没有饭吃，没有房子住，你能够养活自己的。"

在对于金钱的认知上，我们一直以来的态度就是，钱是为人服务的，人不可以成为金钱的奴隶。对于获取金钱的态度，我们一直认为"只要认真努力工作，就能够养活自己；只要有一技之长，就会获得生存的空间"。对于金钱与幸福的关系，我的理解是，当生命本身具有了幸福感，金钱可以为这份幸福增加色彩；如果生命本身不具备幸福感，金钱也无法让生命幸福。这些观念已经被植入了根儿的价值观中。对于根儿来说，追求生命的幸福感已经超越了他对金钱的欲望。这是他的人生观，也是我希望他具有的人生观。

在确定了自己未来的人生方向之后，根儿变得轻松了。结合自己的专业方向在网上寻找美国大学，其过程让根儿既兴奋又懊悔，兴奋的是他对自己的专业方向有了更多认识，倾心于美国大学的创新研究；懊悔的是自己在剑桥大学固步自封，眼睛只盯着剑桥大学，申请博士的时候没有查询更多国家的大学，让自己失去了机会。此时，根儿深深地反思了自己的惰性，当初我们提醒过他查询美国大学，最好多申请几所大学的博士，但是他自以为是地认为剑桥一定会录取他读博。在根儿毕业前，有两所美国大学主动伸出橄榄枝，邀请他去读博士，还有奖学金，但他没有深入了解，就一口拒绝了；日本一些大学也到剑桥招收博士生，也被根儿不屑一顾。

当根儿做好决定之后，才发现申请美国大学的相关资料已经来不及提交了，一些需要考试的科目要等到2017年才能够考试，申请资料要等到2017年10月左右才能够提交。还有一年的时间，该进行怎样的准备呢？根儿决定到中科院去做实习生，为自己的博士申请积累工作经验。

有时候，好事的确多磨。根儿从中科院化学所网站了解到了招聘信息，美国科学家、诺贝尔化学奖得主巴里·夏普莱斯与中科院有机化学研究所有一个合作研究项目，正在招聘助理研究员。根儿立即发出自己的简介，十多分钟后收到回复，希望根儿尽快去上海面试，巴里·夏普莱斯正在上海进行学术交流活动，正好有面试根儿的时间。

根儿有做科学家的梦想，对于诺贝尔奖获得者自然内心无比崇拜。面试时两人相谈甚欢，对化学合成的新观念让根儿与巴里·夏普莱斯找到了共同的话题。巴里·夏普莱斯夸赞根儿的英语水平高，还谈起了他的中国学生们：大多数中国学生在读他的博士期间，英文只能够做日常生活交流，很难与博士生们进行深度的专业知识沟通，这让他很烦恼。巴里·夏普莱斯对根儿说："我想招聘的人，是能够给我带来启发的人，能够教我的人，而不是我去教他。"根儿与巴里·夏普莱斯对化学合成的应用的理解高度契合，面试的过程十分愉快。根儿的面试非常顺利，本来希望获得一个实习生岗位，结果获得了助理研究员的岗位，这令根儿非常兴奋，使他对未来充满了信心。根儿对我说："妈妈，我们平时要想见到诺奖获得者是多么不容易啊！现在，我可以接触到世界顶尖的科学家，我是多么幸运啊！"现在，根儿已经参与到这个项目的研究中。

给孩子一个"间隔年"

"间隔年"是指孩子大学毕业后，用一年的时间来思考自己未来要做什么，要成为怎样的人，想清楚人生的方向是这一年的价值所在。这对他的未来规划非常重要。在"间隔年"里，孩子可以周游世界，也可以闭门读书思考，也可以广交朋友……总之，没有什么"正经事"干。当然，对于一毕业就找到了出路的孩子来说，可能就不需要这个"间隔年"了。

根儿刚毕业回到深圳的时候，我还不知道有"间隔年"这一说法。看到剑桥爸妈群里，一些孩子毕业后直接在英国找到了可心的工作，我的心情自然有些慌乱，担心起根儿的就业问题。此时，我也看到根儿曾经的一位同学在剑桥大学本科毕业后，回国一年，后来又去英国读硕士。与这位同学的妈妈交流，她说现在的孩子想法多，孩子对未来专业选择不确定，就回来修整了一年，想明白后就申请了硕士，然后就去英国继续读硕士了。当时，我也不知道这个孩子经历了"间隔年"。

在我有些迷茫的时候，我对根儿说："你在家里待上半年时间，然后你就要去找工作，养活你自己。"根儿恳求我："你多给我一点时间吧！我会去找工作的，只是我现在还没有想清楚到底做什么。"我答应了多给根儿一些时间，但我仍然不知道这就是根儿在经历"间隔年"，内心对根儿的未来存有焦虑。

此时，剑桥爸妈群里一位群友发送了一篇文章。这篇文章告诉了我，如果孩子未来想往研究方向发展，就一定要读博士；如果孩子不打算往研究方向发展，就要早点考虑求职。我当即明白了根儿不适合求职，而应该为读博士做准备。或许根儿心里知道这个道理，但他说不出来。所以，每当我和他谈到求职的时候，他都回应我："等我想清楚再说吧，我现在还没有完全想透彻，我要去找份工作是没有问题的，但我需要想清楚。"

在根儿的"间隔年"里，孟爸是最清醒的。他一直反对我催促根儿求职，他认为："根儿刚毕业，他需要想清楚再行动，不急在这一年。即使要找工作，这份工作也要为未来走向奠定基础，不能够不明不白地去打份工，那样做对根儿没有任何好处，是对根儿的耽误！"现在想来，虽然孟爸当时也不知道"间隔年"，但他却能够理解根儿的内心需要，真正给予根儿内心支持，他是我们的定海神针！

由于不懂得根儿需要"间隔年"来厘清自己，我那个时候也会焦虑。

有时候，我会忍不住对孟爸说："不能够让根儿成为啃老族啊！"孟爸说："儿子是有想法有尊严的人，你让他啃老，他还觉得羞耻；他现在只是需要我们的理解，需要我们帮他一把，让他安静地想清楚自己未来到底要做什么。你不要那么着急，要相信儿子。"那半年里，孟爸常常宽慰我。

曾经看到一篇文章里对中国"90后"的描写。文章认为：中国"90后"一代，是近百年来第一代可以不为生计发愁的一代。这一代人因为父辈积累的财富，可以有更多的时间和心力来思考自己的人生和未来，他们更在乎自己的生命是否过得有意义。这篇文章启发了我，对于我们这一代人来说，大学毕业意味着开始脱离父母的经济来源，我们工作的第一目的是挣钱养活自己，然后养家糊口；而对于根儿这一代人来说，其中一部分人工作的第一目的是获得快乐，挣钱是第二位的。根儿这一代人更关注自己的生命状态了，这是时代的进步。

对根儿未来感到焦虑的同时，我开始将根儿放入整个社会的各个阶层中去分析，从根儿成长的社会背景、家庭背景、根儿受教育的背景中去理解根儿的成长烙印。根儿成长于中国改革开放的大时代，受到各种文化的启蒙和影响；家庭为根儿的成长提供了充分的物质和经济支持，让他能够按照自己的意愿发展；根儿进入剑桥大学学习四年，领略了世界顶尖名校的文化，开阔了国际视野。如此的成长背景，让根儿会不顾一切地去追求自己想要的生命状态。看清这些，我就能够理解根儿的"间隔年"了，也能够理解他对自己未来的定位了。

现在，回过头来看，当初剑桥大学拒绝根儿的博士申请，我认为这是一件幸事。如果当初剑桥大学同意了根儿读博的申请，根儿却在迷恋着开餐厅和做厨师，内心抗拒读博士，可能会出现半途而废的结果；而且，根儿也没有机会经历半年的"间隔年"，没有对自己的未来深思熟虑，没有了现在这般坚定的选择。"间隔年"是一个多么可贵的成长契机啊！幸运的是，根儿没有与"间隔年"擦肩而过。在此，我们要感谢剑桥大学的拒绝！

根儿的科学家之路还很漫长。每一次的失意,每一次的幸运,每一次的困惑,每一次的挣扎,每一次的抉择,都是这条路上的必经之道,希望根儿能够坚定不移地走下去。

致　谢

　　感谢上天把根儿带给我和孟爸，他健康、善良、平和、诚实，懂得尊重他人，懂得为自己的梦想努力。我们为根儿感到骄傲！

　　感谢根儿带给我和孟爸重新成长的机会。没有根儿，我们不会发现自身的缺陷，也没有机会来修复自己的心灵创伤。根儿让我们的人格变得更加完善！

　　感谢我们自己，为了根儿的健康成长，我和孟爸没有放弃对生命价值的追寻，我们为自己和家庭的幸福一直在努力！

　　感谢我的父母，他们细心呵护年幼的根儿，理解根儿成长的需要，给予了根儿自由的发展空间！

　　感谢博友们对我博客的关注，你们的思想给予了我很多的启迪！

　　感谢深圳国际交流学院给予我们的国际教育视野，让根儿实现了去剑桥大学读书的梦想！

　　感谢栗伟先生为这套书起名《父母的天职》，您的智慧能够让我的思想感染更多的人！

　　感谢北京理工大学出版社的编辑朋友们，你们给予我的支持让我尽情地写作！

现在的我，宁愿慢下来，
和宝贝一起欣赏这个世界的美丽。

爱立方
Love cubic

育儿智慧分享者